封闭性海域的生态修复

[日] 山本民次　古谷研　编

贾后磊　张绍丽　严金辉　译
关春江　吴玲玲

海洋出版社

2024年·北京

图书在版编目（CIP）数据

封闭性海域的生态修复/（日）山本民次，（日）古谷研编；贾后磊等译.--北京：海洋出版社，2024.2
ISBN 978-7-5210-0805-0

Ⅰ.①封… Ⅱ.①山…②古…③贾… Ⅲ.①海域-生态恢复-研究 Ⅳ.①X171.4

中国版本图书馆 CIP 数据核字（2021）第 153616 号

图字：01-2023-2666

HEISASEI KAIIKI NO KANKYO SAISEI（Environmental Restoration of Semi-enclosed Seas）
The Japanese Society of Fisheries Science Supervision
Copyright © 2007 The Japanese Society of Fisheries Science
Chinese translation rights in simplified characters arranged with
KOUSEISHA KOUSEIKAKU Co., Ltd. through Japan UNI Agency, Inc., Tokyo
本书插图系原版书插图

审图号：GS京（2022）0713号

FENGBIXING HAIYU DE SHENGTAI XIUFU

责任编辑：鹿　源
责任印制：安　淼

海洋出版社　出版发行

http://www.oceanpress.com.cn
北京市海淀区大慧寺路8号　邮编：100081
涿州市般润文化传播有限公司印刷　新华书店经销
2024年2月第1版　2024年2月北京第1次印刷
开本：787mm×1092mm　1/16　印张：8
字数：220千字　定价：88.00元
发行部：010-62100090　总编室：010-62100034
海洋版图书印、装错误可随时退换

前　言

　　1971年颁布的《水质污染防治法》，主要是对水质污染特别严重的东京湾、伊势湾以及包含大阪湾的濑户内海等封闭性海域的污染防治而制定。在这些海域中，对化学需氧量（COD）以及氮/磷等的输入量采取了削减对策。特别是濑户内海，因其风光优美，几乎所有的岛屿都被建成国立公园，所以必须对该区域的自然环境进行特别保护。《濑户内海环境保护临时措施法》（1973年）及其后修正的《濑户内海环境保护特别措施法》（1978年）的实施，使其环境得到了较好的保护。虽然输入量明显削减，但是该海域水质达标率仍然不高，仍有很多海域总磷（TP）和总氮（TN）的浓度降低并不如人意。

　　除了大阪湾之外，在濑户内海，紫菜褪色和牡蛎、蛤仔捕捞量减少现象非常明显，这说明该海域正进入贫营养化状态[①]。在中央环境审议会（2005年5月）提交的"第6次水质总量控制方案"中提出"暂停除大阪湾之外的濑户内海区域内的水质总量控制"，指出"如果氮和磷适度增加对渔业有益，那么'清洁之海'和'富饶之海'二者不可兼得"，表示要从以前实施的一边倒的削减输入量政策，转换到重视海域自净作用和渔业生产的政策上来。

　　1993年对《水质污染防治法》进行了部分修订，对于封闭性海域，在前述三大海域的基础上又新追加指定了85处海域，这样一来，封闭性海域总数就达到了88处。也就是说，即使污染负荷不大，只要是封闭度较高的海域都会采取同样的措施。这些海域就包括2000年冬季暴发紫菜褪色问题的有明海。新指定的封闭性海域与前述三大封闭性海域不同，几乎没有编制预算，也没有定期进行监测，也就是说，后来被追加指定为封闭性海域的海湾与前述三大海域相比，在包括监测体系在内的行政措施方面已经落后了30多年。例如，根据《有明海、八代海环境保护特别措施法》，在有明海海域开展系统性监测始于2002年。因此，在紫菜褪色问题发生时，既不能对其进行充分的科学分析，也没有掌握谏早湾防潮大坝闸门关闭对有明海整体生态系统的影响程度。

　　封闭性海域原本是维持高生产力的场所。但在鱼类、贝类养殖盛行之后，海水

---

　　① T. Yamamoto：濑户内海——是属于富营养化还是属于贫营养化？海洋污染公告，47，37-42（2003）。

交换较差，物质滞留时间较长。所以，此类封闭性海域的生态保护，不能仅限于水质改善，还必须保护该海域的生物，尤其是生物的栖息环境。除三大封闭性海域外，有不少海域实施了生态保护修复工作，集中投入资金进行观测、现场试验、数值模型预测等，并取得了较好成效。

  本书将以三大主要封闭性海域实施的生态保护修复为例，总结这些海域生态问题的共同点和不同点，希望能为今后开展封闭性海域的恢复、修复、重建提供借鉴。

山本民次

2007 年 7 月

目 录

第一部分 总论

第1章 生态修复的构想和措施 (3)
1.1 封闭性海域的特点和对策 (3)
1.2 富营养化和贫营养化 (5)
1.3 海水交换和赤潮 (9)
1.4 生产和分解的平衡 (9)
1.5 食物链和物质循环 (10)
1.6 浮游类和底栖类生物的耦合反应 (12)
1.7 技术组合和适应性管理 (12)
1.8 多种主体参与和环境教育 (13)
参考文献 (15)

第二部分 三大封闭性海湾

第2章 海岸修复工程研究——以东京湾为例 (19)
2.1 海岸修复建设的四个观点 (19)
2.2 目标的转变 (21)
2.3 从不同角度和观点理解系统空间"场" (22)
2.4 探索潮间带建造的具体方法 (26)
2.5 系统化的重要性 (28)
参考文献 (29)

第3章 大阪湾生态修复技术 (30)
3.1 大阪湾的环境 (30)
3.2 生态修复的动向和课题 (31)
3.3 尼崎港生态修复技术的效果检验 (32)
3.4 推进封闭性海域的生态修复 (38)
参考文献 (39)

第4章 广岛湾生态系统保护和管理 (40)
4.1 广岛湾概况 (40)
4.2 基于生态系统模型的牡蛎养殖影响评估 (42)
4.3 结束语 (46)
参考文献 (48)

第三部分　其他海湾

第5章　有明海、八代海生态修复——熊本县的措施 (51)
- 5.1　背景和目的 (51)
- 5.2　采取措施解决问题的情况 (51)
- 5.3　熊本县沿岸海域特征 (54)
- 5.4　举办交流会和筛选课题 (59)
- 5.5　修复方式和总体规划(建议) (60)
- 5.6　主要结论和课题 (62)
- 参考文献 (63)

第6章　有明海泥质潮间带浮游类—底栖类综合生态系统模型的运用 (64)
- 6.1　研究区域 (64)
- 6.2　模型概况 (65)
- 6.3　计算区域和计算条件 (69)
- 6.4　模型重现性研究 (70)
- 6.5　模型的运用 (72)
- 6.6　结论 (75)
- 参考文献 (76)

第7章　滨名湖的环境保护措施 (77)
- 7.1　滨名湖概况 (77)
- 7.2　滨名湖水质改善对策的筛选 (79)
- 7.3　滨名湖人工潮间带实证试验 (80)
- 7.4　滨名湖未来的保护方向 (86)
- 参考文献 (87)

第8章　宍道湖日本蚬生产环境的保护 (89)
- 8.1　咸淡水水域的特点和日本蚬 (89)
- 8.2　宍道湖水质环境以及生态系统变化 (91)
- 8.3　宍道湖水质和物质循环监测 (94)
- 8.4　模型解析 (99)
- 8.5　沿岸海域修复建议 (102)
- 参考文献 (103)

第9章　英虞湾修复项目的开展和未来展望 (105)
- 9.1　项目整体情况及其背景 (105)
- 9.2　适合"新内海"的潮间带建设方法 (107)
- 9.3　从环境监测到环境动态预测 (112)
- 9.4　多个组织的合作 (116)
- 9.5　进一步深化合作和地区团结 (120)
- 参考文献 (121)

第一部分 总论

第1章 生态修复的构想和措施

山本民次[*]

1.1 封闭性海域的特点和对策

封闭性海域的基本特点是：海水交换情况较差，海洋生态系统内物质滞留时间较长。如果封闭性海域的物质负荷增加，则很容易导致富营养化。封闭性海域的物质循环模式如图1.1所示。水对于生活和生产来说是不可或缺的，因此，很多城市都分布于河流的下游地区，对于临近大城市的封闭性海域，有大量可引发富营养化的磷和氮输入。一定程度的封闭性加之一定程度的营养盐负荷能够使生态系统营养物质更加丰富，从而提升渔业生产力。但是，长期过量的营养物质输入往往会导致赤潮的频繁发生。

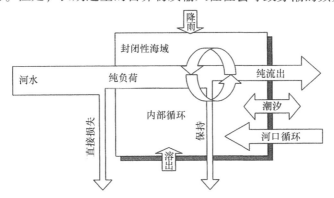

图1.1 封闭性海域磷、氮等物质循环概念图

图中，"直接损失"是指河水进入河口区域时，因粒状物和电荷絮凝作用使磷等物质出现块状化及沉降的现象。"保持"是指海湾内的"retention"，主要指底泥的堆积。"纯流出"是指湾口除因潮汐和河口循环之外的因素引起的氮和磷的流出[1)]

因河水流入出现盐度降低的海域称为"河口区"。在河口区，随着河水流入，产生了上出下入的"河口循环"，促进了海水交换。另外，淡水和海水的盐度差导致密度跃层非常活跃，影响了下层氧供给，经常出现贫氧现象。当形成贫氧水团以及因此产生硫化氢时，将威胁底栖生物的生存。对于浅海海域生态系统来说，浮游类和底栖类生物是通过食物链紧密联系并发挥作用的（但是该领域的研究尚不充分），可以想象，底栖生态系统的崩溃将导致整个封闭性海域生态系统的崩溃。

环境省（20世纪70年代时称为环境厅）以与大城市紧邻的三大封闭性海域（东京

---

[*] 广岛大学大学院生物圈科学研究科。

湾、伊势湾以及包含大阪湾的濑户内海）为治理对象，根据《水质污染防治法》（以及与濑户内海相关的一系列濑户内海地区法规），采取了以削减流入负荷为核心的对策。在这些海域中，很多污染状况一直没有得到改善，正如后文所述，除大阪湾之外，在濑户内海西部海域出现了"贫营养化"现象，渔获量显著下降。鉴于这种状况，中央环境审议会在第6次水质总量限制现状答复中认为，如果氮和磷适度增加，对渔业有益，"清洁之海"与"富饶之海"不一定是两立的，因此决定"暂停在除大阪湾之外的濑户内海的水质总量控制"[2]。

另外，环境省在1993年《水质污染防治法》的部分修订中提出了"封闭度指标"（图1.2），将封闭度指标不小于1.0的海域定义为封闭性海域。

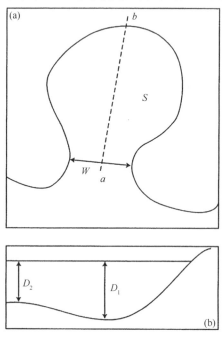

图1.2 "封闭度指标"的构想[3]

将 $\sqrt{S} \cdot D_1 / (W \cdot D_2)$ 定义为"封闭度指标"，该指标不小于1.0则判定为封闭性海域。S：该海域的面积（km^2），W：该海域与其他海域的边界线长度（km），D_1：该海域最深处的水深（m），D_2：该海域与其他海域交界处最深处的水深（m）。(a) 为平面图；(b) 为过 $a-b$ 的截面图

根据这一规定，有88处海域被确定为封闭性海域[3]。例如，"2000年冬季发生的紫菜大规模歉收是否与谏早湾围海造田有关"这一环境问题的有明海以及岛原湾也一并被认定为封闭性海域。在新指定的85处封闭海域中，很多都没有按照《水质污染防治法》的规定进行有组织的监测。例如，《有明海、八代海环境保护特别措施法》于2002年实施，有明海、八代海的监测与最早提出的三大封闭性海域相比晚了约30年。88处封闭性海域的环境特征被归纳在《日本封闭性海域（88处海域）环境指南》[3]中，作为诊断封闭性海域环境状况的指南，并提出"海洋健康诊断"[4]，值得参考。

另外，作为城市修复计划的一环，国土交通省推出了"全国海洋修复项目"，并分别于2003年和2004年针对东京湾和大阪湾制定了"行动计划"[5,6]。随后于2007年3

月公布了伊势湾和广岛湾的修复行动计划[7,8]。在行动计划中提出了每个海湾的生态修复目标，设置了若干开放点位或开放区域，鼓励和吸引居民参加监测活动，并且进行中期评估，力争在10年后实现目标。

封闭性海域的共同特点和日本的对策就介绍到这里。关于对封闭性海域的了解有多少、应为其做些什么，下面将从学术方面进行重点归纳和总结。

1.2 富营养化和贫营养化

在封闭性海域，由于物质滞留时间较长，磷和氮等营养盐的输入量增加，导致出现富营养化，关于此类问题已经进行了大量研究。但对于贫营养化的过程则没有充分理解，以下主要对这一问题进行介绍。

首先，对生态系统物质循环中的"存量"和"流量"这些最基本的概念进行说明。如图1.3所示，考虑容积相同的容器（海湾），假想一方（a）营养盐负荷小，海水交换量小，另一方（b）营养盐负荷大，海水交换量也大。如果海湾中没有任何生物时，则很容易理解为何后者（b）在海湾内的营养盐浓度较高。当这些海湾中存在浮游植物时，（a）和（b）哪一方会出现富营养化现象呢？如果将浮游植物增加、混浊度增加的状态作为富营养状态，则（b）营养盐的负荷更多。但由于浮游植物的增殖速度有限，如果海水交换超过这个速度，浮游植物将被冲至海湾之外。在这种状况下，（b）营养盐浓度虽然较高，但是由于不混浊，所以不会被认为处于富营养状态。（a）则刚好相反，营养盐负荷较小，但是浮游植物增殖所需要的时间非常充足，所以有可能引发赤潮，有时会被认为处于富营养状态。

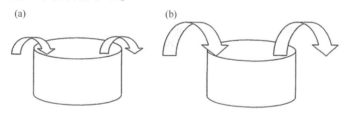

图1.3 存量和流量的概念

注：假想有两个容积完全相等的内湾。（a）营养盐负荷小，海水交换少。（b）营养盐负荷大，海水交换大。如果单纯只考虑营养盐输入量和海水交换率，可以想象哪一方富营养化程度更高。但是，当系统内栖息着浮游植物和其他高级生物构成食物链时，很难确认（a）和（b）中哪一方会出现富营养化现象

其次，关于存量和流量方面，通过相关监测，希望从其他角度进一步说明。图1.4表示了濑户内海TP和TN的输入量和海水中TP、TN浓度的年变动情况。在濑户内海，从1980年开始要求削减磷，1994年氮也被纳入要求削减的对象。在2001年第5次水质总量限制中，磷和氮都成为总量限制的对象。这些措施取得了效果，1980年之后磷输入量明显减少；1994年之后氮输入量明显减少[图1.4（a）和（b）]。尽管如此，但海水中的TP、TN浓度几乎没有变化，如图1.4（c）所示。目前经常会听到环境行政部门的相关人士和专家们说："我们都这么努力去削减来自陆地的氮、磷输入量了，为

什么海洋还没有变干净?"

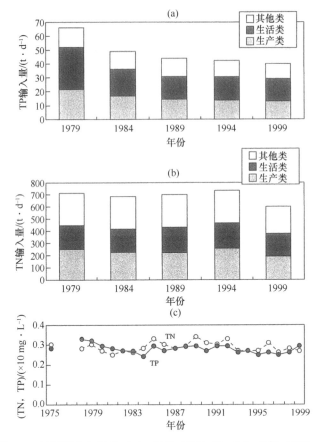

图 1.4 对于濑户内海的 (a) 总磷 (TP) 及 (b) 总氮 (TN) 的
输入量[9]和 (c) 海水中 TP 及 TN 浓度的年变化[10]

"存量"和"流量"的概念在物质循环的研究中是最基本的概念，但并不是可以简单理解的。"存量"和"流量"分别相当于便利店的"库存量"和"采购量"。例如，在便利店中，卖掉的商品要立即补充，所以货架上始终摆放着相同数目（或数量）的商品。显然，看到货架上摆满商品就判断商品"不好卖"是错误的。在便利店中，哪种商品畅销其数据是通过计算机进行管理的。由于能够立即获得补充，所以商品始终不会从货架上消失。对于海水中的 TP 和 TN 监测来说，测的就是库存量。所以，如果不了解海域中 TP 和 TN 与系统之外进行交换的比例以及系统内部转变为其他形态的变化量，则不会明白海水中的 TP 和 TN 浓度未发生变化的原因。

关于濑户内海的 TP 和 TN 浓度，有报告称，从太平洋一侧进入海湾的流入量很大，所以来自陆地的流入量即使有所减少，也不会影响到 TP 和 TN 浓度的变化[11]。但是，赤潮发生次数从高峰时的大约每年 300 次减少到原来的 1/3，约为 100 次。据此可以确认，来自陆源污染的削减效果已经充分显现出来。如果不考虑流出系统的水量减少这种特殊情况，根据濑户内海 TN 和 TP 存量相同而输入量减少这一现象可断定，肯定有其他的方式使输入量增加，最有可能的是来自底泥的溶出。水中的物质浓度如果降低，与底质中的浓度差就会变大,所以从底泥中的溶出量可能变大。

另外,还有一个很重要的方面(笔者认为这方面很重要),在这种来自陆源污染减少的过程中,系统内生物的磷和氮的转换量变小,赤潮发生次数也减少。图 1.5 表示濑户内海整体的捕捞量、广岛湾的牡蛎生产量、各海域的蛤仔捕捞量的变化。上述各项都

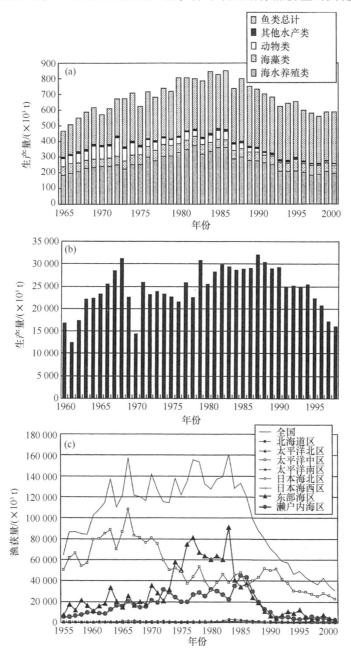

图 1.5 濑户内海、广岛湾和各海域捕捞量/生产量情况

(a) 濑户内海渔业生产量的变化[9];(b) 广岛湾牡蛎生产量的变化(根据农林水产省统计信息部资料绘制);
(c) 各海域蛤仔捕捞量的变化(水产综合研究中心濑户内海区水产研究所,滨口提供)。
上述各项在 1985 年前后达到顶峰,随后急剧减少。(c)除了濑户内海之外,在东部海区也出现了减少的趋势

在急剧减少，表现出渔业资源处于危机状态。正如前文所述，作为存量测定的是 TP 和 TN，其中不包括尺寸方面肉眼可以识别的生物。进入系统内的物质量减少，存量不变，所以，对于栖息于系统内的生物的流通量当然会变小。对于富营养化的进展来说，可通过削减污染负荷，使输入量继续减少，从而导致系统内部的循环量减少；将输入量增加的过程称为"富营养化"，与此相对，将输入量减少的过程称为"贫营养化"。如上所述，"富营养化""贫营养化"等表示"趋势"的词汇有别于"富营养""贫营养"等表示"状态"的词汇，在使用时必须明确区分[12]。

图 1.6（a）为富营养化和贫营养化过程中生态系统的响应，以鱼类栖息密度表征。通过该图可以了解到，富营养化和贫营养化形成过程是不同的。也就是说，营养盐负荷变大，当超过某一水平时，则鱼类密度迅速变大。而在贫营养化的过程中，营养盐负荷降至某一水平线之下时，鱼类密度则迅速降低。两者都是极为严重的现象。在生态学上，这种现象被称为滞后现象，已经为人们所熟知[13]。另外，在濑户内海，考虑到始终都存在最大限度的捕捞压力，捕捞相当于控制或减少特定鱼种生物量的生物调控操作，如图 1.6（b）所示，滞后现象表现明显[9,14]。濑户内海的 TP 输入量与赤潮发生状况和渔业捕捞量的关系，伴随着滞后现象而凸显出来，这个问题将另行介绍[12]。因此，目前针对日本封闭性海域富营养化的一系列措施，也必须充分考虑到上述的两极化问题，这也是今后封闭性海域采取环境对策所必须解决的问题[15]。

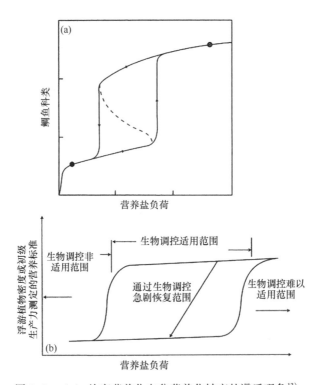

图 1.6　（a）从富营养化向贫营养化转变的滞后现象[13]；
（b）富营养化和贫营养化过程中应用生态系统调控（生物调控）的差异[14]

1.3 海水交换和赤潮

赤潮可以说是富营养化的一种表现形式。如图1.3所示，海水交换率与赤潮的发生密切相关。也就是说，海水交换率如果大于形成赤潮的浮游生物增殖速度，则不会发生赤潮。存在问题的封闭性海域大多都有河流流入，即存在所谓的"河口"，所以海水交换率可以以盐度为指标，利用盒子模型计算，这就需要定期进行盐度监测。盒子模型计算与前述的"封闭度指标"相比，需要更高的技术。关于详细的计算方法等问题，笔者在其他文章中已经有过一些介绍[16,17]。

笔者对爱知县三河湾的赤潮发生状况和海水交换率进行比较，获得了很有意思的结果[17]。根据赤潮的监测记录，对不同优势种藻类的赤潮和海水交换率进行比较，结果显示，对于受海水活动影响较大的硅藻类来说，当增殖速度大于海水交换率时，就会形成赤潮。但是，对于鞭毛藻来说，尽管增殖速度较小，但由于鞭毛藻在水中游动时受河口循环模式的影响，始终滞留在海湾内，也能达到发生赤潮的密度而形成赤潮。

1.4 生产和分解的平衡

有一种方法可判断系统是向富营养化方向发展还是向贫营养化方向发展。利用光合作用生产量和呼吸作用消耗量的差值即净生产量，估算出系统整体的初级生产量和呼吸消耗量的差值，即"生态系统净生产量"（Net Ecosystem Metabolism，NEM）。利用碳量计算NEM，因存在气态的二氧化碳与大气进行交换，再加上海水中的碳酸盐储量很大，通过计算含碳量不可能直接求出NEM。另外，同样也存在气态氮，所以同样不能直接用氮计算。因此，海岸带海陆相互作用（Land-Ocean Interaction in Coastal Zones，LOICZ）调查委员会建议计算磷的收支，将其换算为含碳量[18]。

具体来说，根据流入系统内的溶解态总磷（TDP）的实测值和海水中的实测浓度，利用前文所述的盒子模型计算出来的海水交换率，计算磷的收支。系统内部如果TDP减少，则可以认为减少的部分被用于初级生产。与此相反，如果TDP增加，说明呼吸作用比初级生产作用相对要大。在常规监测中，对TDP的测定，经常测定的是溶解态无机磷（DIP），而藻体中存在的是溶解态有机磷（DOP），所以使用DIP和DOP计算得出TDP是最好的方法。不过DOP浓度变动较小，即使只使用藻类利用率较高的DIP值来计算，也不会有太大的误差[18]。将磷换算为碳时，使用Redfield比值（C：P=106：1）[19]。

另外，将磷转换成氮时，可以采用同样的计算方法。利用前述磷的收支计算结果，使用Redfield比值（N：P=16：1）求出一个值，可以将该差值视为净脱氮量（Net Denitrification，ND）。关于求出NEM和ND的一系列计算方法，受本书内容所限无法详细介绍，请参考Gordon等[18]和Yamamoto等[20]的研究。

用这种方法求得的广岛湾北部海域的NEM及ND的长期变动如图1.7所示。在广岛湾北部海域，1991年前后，NEM为正值。也就是说，整个系统处于生产状态（自养），但随后就开始在 0 附近徘徊，这意味着系统的生产能力消失。而 ND 在 1991 年前后为负数，氮固定量相对来说超过了脱氮量，但随后就转为正数，表示脱氮量相对增大。NEM 从正数变为 0、ND 从氮固定向脱氮方向转变，这些都发生在 1991 年前后。根据图 1.5（c）所示，从 1991 年开始，牡蛎生产量开始全面转为下降。也就是说，NEM 变为 0 意味着该海域几乎没有高生产力。可以想象，同样的事情也正在除周防滩和大阪湾外，濑户内海其他海域也会发生。

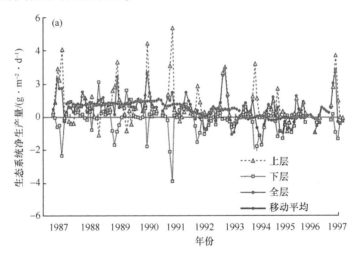

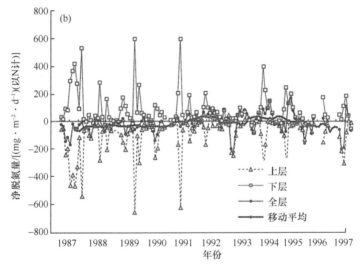

图 1.7 （a）广岛湾北部海域的生态系统净生产量（NEM）；
（b）净脱氮量的常年变化[16]（1978—1997）

1.5 食物链和物质循环

如前文所述，用盒子模型计算物质收支，即把进入盒子（系统）的物质和排出的物质进行加减计算，从而计算出整个系统物质的增减量。在该计算中，没有考虑栖息于系统内部的生物之间的相互作用。实际上，从微生物到大型生物，有无数生物栖息在系统内部，它们之间是摄食与被摄食的关系。生物不仅受到周围环境的影响，而且也会对环境产生影响，如通过排泄和呼吸对环境产生影响。

对于前文提及的富营养化和贫营养化如何影响渔业生产的问题，可以通过生态系统内部的食物链构造来进行研究［图1.8（a）］[12]。假设系统内存在营养盐、浮游植物、浮游动物、鱼类这四个营养级。一方面，考虑浮游植物和浮游动物受海水的影响流失到系统之外或沉降而导致损失；另一方面，假设鱼类因捕捞而受到损失。各个摄食阶段的时间变化假设一致，现就恒定状态下进行分析。如图1.8（b）所示，富营养化加剧时，浮游植物和鱼类增加，但是营养盐浓度和浮游动物现存量没有变化。而在发生贫营养化时，与富营养化时相反，浮游植物和鱼类减少，但是营养盐浓度和浮游动物现存量也没有变化。详细内容参见山本（2005）[12]。需要说明的是，即使削减负荷，海水中的TP和TN浓度并没有呈现出预期的变化。理解这些问题并不容易，但是很明显，在研究封闭性海域的环境问题时，不能无视海域内部的食物链。

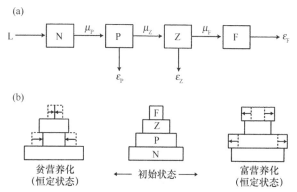

图1.8　（a）生态系统的食物链构造；（b）富营养化及贫营养化恒定状态下生态系统金字塔形构造[12]

N：营养盐，P：浮游植物，Z：浮游动物，F：鱼类；μ_P、μ_Z、μ_F表示被吃掉而发生的转移量，ε_P、ε_Z表示因流出系统外和沉降导致的损失，ε_F表示捕捞造成的损失

当出现浮游植物改变水色和提高海水浑浊度的现象时，意味着海水处于富营养状态。为了减轻富营养化程度，不仅要进行所谓"上行"的营养物质的输入削减，而且要利用摄食与被摄食的关系采用"下行"的生物控制，这更加有效。在湖沼进行的生物生态系统调控试验已经证实了这一点。也就是说，通过引进一些鱼类，捕食以植食动物为食物的生物，减少植食动物的被捕食压力，从而使植食动物增加，以减少浮游植物现存量[21]。这样一来，在输入量保持不变的前提下，能够消除富营养状态，维持较高的捕捞量。因此，把捕食植食动物的鱼类作为捕捞对象，是同时解决富营养化和食物问题的最好对策，应该给予鼓励和推广。在"未来封闭性海域对策研讨会"[15]中，将封闭性海域的环境对策纳入此前的营养盐负荷削减对策中，确认了通过海域内部的食物链改善物质循环这一措施的重要性。今后改进封闭性海域的环境措施的重点将从目前贡献很大的卫生工学转向海洋环境学和海洋生态学方面。

1.6 浮游类和底栖类生物的耦合反应

浅海区生态环境问题研究的难点是，与只考虑浮游类的外海生态系统不同，不能忽视底栖类的作用。如果将浮游植物增加导致海水改变的状态称为污染或富营养状态，那么在考虑这个问题时，就不能忽视以浮游植物为食的双壳类的作用。例如，在潮间带区域，与浮游动物相比，贝类摄食量更大[22]。

如果将外海生态系统物质循环的浮游生态系统模型用于浅海海域，则计算结果很难符合实际情况，沿岸海域复杂的地形和沿岸地区特有的物理过程是其重要原因。若将底栖生态系统作为边界区域来处理，忽视其动态活动，则模型无法获得正确的结果。沿岸地区是人类活动影响力很强的区域，对于填海造陆等活动必须做环境影响评价。根据上述观点，现在必须对底栖生态系统加以重视。

开发的适用于有明海泥质潮间带的浮游类-底栖类耦合模型如第6章所述。虽然无法将所有的底栖生物嵌入模型中，但该模型已考虑到附着硅藻、牡蛎等滤食性动物及主要的底栖生物、大弹涂鱼、蟹类等沉积捕食者的优势物种，物质循环在这些底栖生态系统和浮游生态系统之间不断进行。虽然底质恶化很难发现，但是会对底栖生物的栖息造成恶劣影响。例如，钻孔底栖生物的数量减少，说明底质的还原性加速，底栖生态系统向恶化状态发展，将陷入"环境恶化的螺旋下降"状态。底栖生态系统遭到破坏后，滤食性生物（如双壳类）的生物量减少，从而对水质产生极大的影响。有明海和周防滩就属于这种情况。

浮游类-底栖类耦合模型是最近开发并取得进展的模型，当然还有很多要改善的地方。由于底质和底栖生物相关的监测数据太少，很难判断计算结果的合理性。考虑到封闭性海域的生态环境保护，开展包括底栖生物监测在内的研究十分必要。

1.7 技术组合和适应性管理

封闭性海域的生态保护修复并非一朝一夕之事，也不是用一种技术就可以解决的，需多种技术的组合（见第3章）。封闭性海域的生态环境各不相同，在某一个海域有效的技术用于其他海域，有时效果并不理想。

生态系统内部发生的各种现象包括可控制的和不可控制的现象（图1.9）。也就是说，前者是实际实施的对策（控制项目），包括削减负荷、栖息地修复。而后者则是作为评估对策效果时的目标值即"状态指标"，一般指水质、沉积物监测项目等。"控制项目"常处于试运行状态，考虑紫菜生产受贫营养化影响产量降低，建议可以尝试调整水库和污水处理排放的水量、时间和频率等[23]，目前已将流入有明海的筑后川和流入播磨滩的高粱川等区域作为试点。另外，近期在"状态指标"中又增加了生物指标，与只评估水质和底质等无机环境指标相比，更加注重生态系统的结构。但是，生物的有无除了数量外，标志生物相互关系的食物链"流量"也是一个重要方面，以及这些生物相互关系中食物链的"流量"是否正常（物质循环是否顺畅），这些都需要定量评价，所以生态系统模型的运用是不可或缺的。

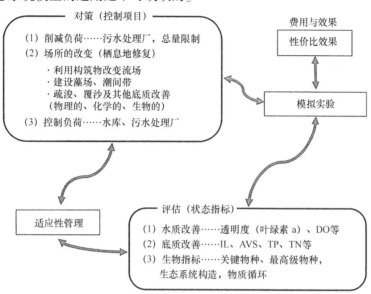

图 1.9 封闭性海域生态保护修复的"控制项目"和"状态指标"
控制项目是能够具体实施的对策技术；状态指标是通过监测等能够掌握的评估项目。为了判断所实施对策的效果，需要进行监测和模拟试验。在评估方面，必须通过模拟试验来考虑费用与效果。由于研究对象属于复杂的生态系统，无法确定采取的对策措施是否获得预期效果。因此，经常基于"适应性管理"的理念来调整实施措施的方向也是非常重要的

随着"三位一体"改革的实施，税源发生了转移，很多地方团体考虑缩小难以看到成效的监测业务。在这种合理化变革中，无故要求充实监测是毫无道理的。而说明监测数据到底用于何处、发挥何种作用是非常必要的。如果不能说明对何种对象实施何种测定以及取得何种成果，则很难获得立项。数据只有使用才有价值，目前很多自治团体只是单纯地积累数据而不对外公布，这种做法是不可取的。进行时间序列分析，在第一阶段是非常必要的，但仅利用"存量"数据绘制折线图和分布图，对监测的投资太大。还是必须进行数值模拟试验，并在模拟试验中进行敏感度分析，确认重点实施哪个"控制项目"的费用与效果最好。

虽然数值模拟试验技术日新月异，但是仍无法全部重现现实的自然生态系统的复杂性。正因为如此，一边反复进行监测、预测和评估，一边调整"适应性管理"就变得非常必要（图 1.9）。生态修复技术预先通过实验室规模试验、模拟现场试验、小规模现场实证试验等步骤逐步实现业务化，而且必须有充分的科学依据，没有经过这些步骤的技术是不能骤然进行业务化的。

1.8　多种主体参与和环境教育

针对封闭性海域的生态环境保护，就目前已经调查清楚的问题和今后应该做的工作进行了科学性的介绍。2003 年实施的《自然再生推进法》规定，对于人类活动所造成

的生态环境损害,有必要以遵循科学规律为前提,以高度的责任感去实施重建。对此,有人担心以"重建"之名进行人工干预,会不会破坏良好的生态环境。自然重建的对象不是"良好的自然",而是"正常功能遭受破坏的区域",其目的是恢复大自然的复原力,而不是过多的人为干预。

《自然再生推进法》所阐述的重点是"多种主体参与"(图1.10)。生态修复要依靠科学知识,但是,在实施前,听取广大居民希望有一个什么样的海洋也是最为重要的。正如其他文章中所述[10,12],是希望有一个富营养化的、能够捕捞大量鱼类的海洋,还是希望有一个贫营养化的、捕不到鱼的干净的海洋呢?对海洋的期待也因人而异。在中央环境审议会第6次水质总量控制的相关答复中首次提出,"'清洁之海'和'富饶之海'不一定是两立的"。封闭性海域的环境保护与食物生产问题是密切相关的,若在确保海水透明度较高的同时,又能够捕捞丰富的水产生物,就需要寻找一种能在水产业中实施且有利于生态系统保护的措施。为了让各利益相关主体都能认识到这一点,通过反复举办研讨会、论坛以及现场勘察,进行科学知识普及和环境教育是必不可少的。

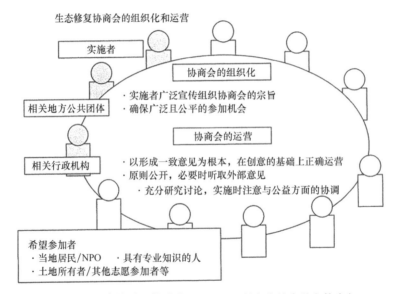

图1.10 《自然再生推进法》(2003)所主张的多种主体参与
对于自然生态系统恢复方面的思考是各种各样的,因此,必须设置生态修复协商会,由地方公共团体代表、相关行政机构、当地居民、NPO、专家、土地所有者等参加并共同运营

参 考 文 献

1) 山本民次（訳）：水圏生態系の物質循環（Andersen, T., Pelagic Nutrient Cycles），恒星社厚生閣，2006，259 pp.
2) 中央環境審議会：第6次水質総量規制の在り方について（答申），2005，48pp.
3) （財）国際エメックスセンター：日本の閉鎖性海域（88海域）環境ガイドブック，2001，177 pp.
4) シップ・アンド・オーシャン財団：海の健康診断，マスタープランガイドライン，2002，99 pp.
5) 東京湾再生推進会議：東京湾再生のための行動計画（最終とりまとめ），2003，21pp.
6) 大阪湾再生推進会議：大阪湾再生行動計画，2004，45pp.
7) 伊勢湾再生推進会議：伊勢湾再生行動計画，2007，77pp.
8) 広島湾再生推進会議：広島湾再生行動計画，2007，55pp.
9) （社）瀬戸内海環境保全協会：平成17年度瀬戸内海の環境保全－資料集，2006，103 pp.
10) T. Yamamoto: The Seto Inland Sea-Eutrophic or oligotrophic? *Mar. Poll. Bull.*, 47, 37-42 (2003).
11) T. Yanagi, and D. Ishii: Open ocean originated phosphorus and nitrogen in the Seto Inland Sea, Japan, *J. Oceanogr.*, 60, 1001-1005 (2004).
12) 山本民次：瀬戸内海が経験した富栄養化と貧栄養化，海洋と生物，158，203-212 (2005).
13) M. Sheffer: Alternative stable states in eutrophic, shallow freshwater systems: A minimal model, *Hydrobiol. Bull.*, 23, 73-83 (1989).
14) S. E. Jørgensen, and R. de Bernardi: The use of structural dynamic models to explain successes and failures of biomanipulation, *Hydrobiol.*, 359, 1-12.
15) 環境省：今後の閉鎖性海域対策を検討する上での論点整理．今後の閉鎖性海域対策に関する懇談会報告書，2007，29 pp.
16) T. Yamamoto, Y. Inokuchi, and T. Sugiyama: Biogeochemical cycles during the species succession from *Skeletonema costatum* to *Alexandrium tamarense* in northern Hiroshima Bay, *J. Mar. Sys.*, 52, 15-32 (2004).
17) T. Yamamoto, and M. Okai: Effects of diffusion and upwelling on the formation of red tides, *J. Plankton Res.*, 22, 363-380 (2000).
18) D. C. Gordon, P. R. Boudreau, K. H. Mann, J. E. Ong, W. L. Silvert, S. V. Smith, G. Wattayakorn, F. Wulff, and T. Yanagi: LOICZ Biogeochemical Modelling Guidelines, LOICZ Report and Studies, No.5, 1996. 96 pp.
19) A. C. Redfield: On the proportions of organic derivatives in sea water and their relation to the composition of plankton, James Johnstone Mem. Vol., 1934, pp. 177-192.
20) T. Yamamoto, A. Kubo, T. Hashimoto, and Y. Nishii: Long-term changes in net ecosystem metabolism and net denitrification in the Ohta River estuary of northern Hiroshima Bay-An analysis based on the phosphorus and nitrogen budgets, Progress in Aquatic Ecosystem Research (ed. by A. R. Burk), Nova Science Publishers Inc., 2005, pp. 99-120.
21) R. de Bernardi, and G. Giossani (eds.): Biomanipulation in Lakes and Reservoirs Management, Guidelines of Lake Management, vol. 7, ILEC (International Lake Env. Committee) /UNEP (United Nations Environmental Program), 1995.
22) 鈴木輝明・青山裕晃・畑 恭子：干潟生態系モデルによる窒素循環の定量化，－三河湾一色干潟における事例－．海洋理工学会誌，3，63-80 (1997).
23) T.Yamamoto, K.Tarutani and O.Matsuda: Proposal for new estuarine ecosystem

management by discharge control of dams, Comprehensive and Responsible Coastal Zone Management for Sustainable and Friendly Coexistence between Nature and People (6th International Conference on Environmental Management of Enclosed Seas) (ed. by P. Menasveta, and N. Tandavanitj), 2005, pp. 475-486.

第二部分
三大封闭性海湾

第 2 章　海岸修复工程研究
——以东京湾为例

古川惠太[*]

2.1　海岸修复建设的四个观点

日本的海岸受多种多样的环境因素和海岸地质的影响而极富变化，包括基岩海岸、砂质海岸、生物海岸等。但是，走近海岸，就会发现环境正在恶化的情景。例如，通道恶化、海岸侵蚀、垃圾漂浮、赤潮和混浊致使海水变色，贫氧水团和绿潮导致生物大量死亡，生物栖息地（及栖息生物）减少等。如何应对全球气候变化和保护生物多样性等全球规模的环境问题以及海啸、巨浪等海洋灾害，需要了解我们身边的海岸环境每时每刻的变化，把"能做的事"变成"做成的事"，从现在开始着手是非常重要的。实现这一目标的方法之一就是土木工程学的方法，在此就其可行性进行探讨。

土木工程是指以人类活动为中心的社会基础设施建设，诸如土地建设（填海造陆、宅基地开发）、水资源管理（水库建设、河流改建、下水道治理）、交通设施建设（铁路、道路、桥梁、港口）、防灾设施建设（防波堤、水闸、护岸、土地改良）等。作为一门实用科学，人们开发了很多技术，并且应用于整个社会。利用这些技术进行建设，使得地形改变（疏浚、填海造陆）及周边土地、海域利用发生变化，海域利用变化引发水循环改变等。对于个别的大规模开发，要评估其对环境的影响，努力减轻或避免对生态环境造成影响。但是，这种改变是长期累积的、整体性的，已经成为引发前文所述的海岸环境变化的原因之一，是一个无法否认的事实。现在重新审视和灵活利用土木工程中所积累的地形改变、水资源管理、各种设施建设等的经验和技术，可能会找到实现海岸修复的突破口。

所谓修复，是指对一度受损的海岸环境及其所具有的生态功能进行修复。这并不是一件简单的事情，必须从广义上去认识修复，即包括努力恢复原来的状态和遵循现状努力进行改善[1]。另外，如果考虑到海岸自然生态系统复杂性和相互的关联性，则这种努力不能受单一的、狭窄的视野所限制。要提出整体性的目标，尽可能地依靠自然，发挥自然的力量，用适当的材料在适当的区域提供辅助，一边确认效果一边慢慢地推广技术，这种适应性措施是非常必要的[2]。

以国土交通省海上保安厅为核心正在推进的"全国海洋修复建设项目"[3]中提出，为了改善封闭性海域的水环境，与相关省厅和地方团体等合作，对各个海域设立整体性

---

[*] 国土技术政策综合研究所。

的具体目标,制定了用于实现上述目标的行动计划,并建立了方便于适应性管理的修改调整制度。以"东京湾修复行动计划"[4]为例,介绍其适应性管理的流程[2],具体内容如图 2.1 所示。作为战略规划,根据对现状的掌握和分析,并获得众多相关主体同意,设定目标为:重建能够愉快戏水、大量生物栖息、容易亲近的"美丽之海",打造一个适合首都圈的"东京湾"。为了实现这一目标,将以下水道治理为核心的陆地负荷削减措施,海面漂浮垃圾回收和藻场、潮间带修复等为主的海域生态环境改善对策以及东京湾的监测作为三大主要内容。而且,为了有效实施上述措施,将东京湾内千叶港—东京港—横滨港所在的海湾北岸至西岸地区定为重点修复区域,其中选择 7 个区域作为示范区,描述改善措施实施后各个区域的效果图以及实施进程时间表。这一行动计划作为 10 年计划于 2003 年 3 月正式公布,每年都对计划实施状况进行跟踪,第 3 年和第 6 年结束时(2006 年度、2009 年度)进行中期评估,对进度状况进行综合性评估[5]。

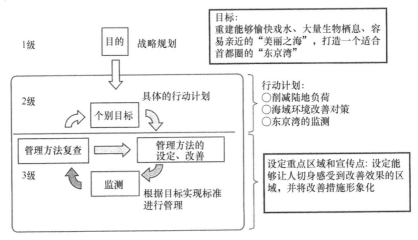

图 2.1　东京湾修复行动计划中适应性管理的框架(战略规划、三个行动计划、重点区域和宣传点的设定对应适应性管理的三个层面)

为了推进这些措施,针对海岸修复,以下四项非常重要(图 2.2)。

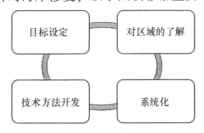

图 2.2　针对海岸修复的观点

- 目标设定:根据区域实际,设定利益相关者可以共享的战略目标;
- 对区域的了解:不仅要了解区域自然环境,还要了解社会、历史等背景;
- 技术方法开发:根据设定的目标,进行技术开发,制定技术教程、编制技术手册;

• 系统化：实现目标的方法机制、适应性管理方法的适用等。

在以下章节中，将分别参照相关实例，重点介绍土木工程学的技术方法。

2.2 目标的转变

图2.3是在海岸地区利用土木工程学方法进行港口环境改善过程中修复目标转变的例子，这其中包括了针对经济高速发展中出现的有害污染物质所采取的污染防治对策。希望通过这些措施的介绍，能够帮助我们了解如何根据环境特点设定修复目标（图2.3）。其中修复目标设定有很大的转变，即从短期的对症疗法的目标设定转变为根据现象背后的过程和原因进行长期修复的目标设定。

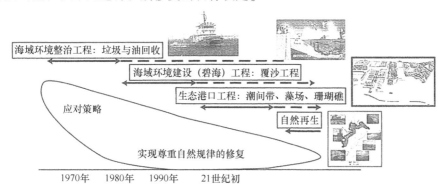

图2.3 港口环境改善目标和工程——从短期对症疗法的目标设定转变为根据现象背后的过程和原因进行长期修复的目标设定

2.2.1 20世纪80年代的碧海工程

为了消除海域面临的污染危机，从20世纪70年代开始，实施海域治理工程，建立漂浮垃圾与油回收体制。在富营养化、赤潮多发、恶臭、底层水贫氧化等有机物质引发的污染仍没有改善的背景下，制定了碧海计划[6]。这一计划的目的是将疏浚和覆沙等碧海技术（具体的海水净化技术）组合在一起，实现水质清澈的目标。

碧海计划被定位为实施以恢复环境为目标的个别政策，其目标是恢复水质（透明度、COD），是通过工程"改变""创造"环境实现"环境改善"。在这一阶段，重点是查明局部的现象，并开发针对性技术优先用于实施效果的评价。

2.2.2 20世纪90年代的生态港口政策

20世纪90年代之后，日本运输省制定了生态港口政策。对于水质"污染"已经减轻但尚未改善"水质混浊"问题，该政策从理念上提出了环境改善的方向[7]。根据该政策理念，各行业的经营者依据区域特征制定出具体的对策，这些对策是以重视生态功能为目标而制订的。也就是说，从自然生态系统的"改变"与"创造"的目标定位转向更高一级"重视生态功能"的目标定位。

为了实现这种"重视生态功能"的目标，必须在生态功能定量化基础上，开发生态系统模型技术。重点工作也从对个别措施效果的评估，转向对措施实施后整个系统功能变化的评估和预测。

2.2.3　21世纪初的生态修复工程

1999年12月，港口审议会就经济社会的变化而导致港口设备管理方式的改变做出了答复。在答复中强调用广域视野去看待问题，不仅限于物流等方面的问题，还要从自然环境、环境友好等宏观层面来看待环境问题。同时在答复中也指出，为了潮间带和藻场等生态系统修复，进行生态系统功能评估和预测等微观方面的研究也十分重要。

在这样的大背景下，国土交通省港口局公布了"2001年港口环境政策"[8]。该政策指出，"以建造与环境共生的生态港口为目标，综合推进生态系统的自然恢复"。另外，国土交通省港口局于2005年公布了"绿色化港口政策"（港口审议会答复）[9]，实行环境友好和开发措施并举的双轮驱动对策，推进"环境友好的标准化"。为实现生态系统的自然恢复，开始实施促进生态系统自主发挥功能的新措施，并推动市民广泛参与。

针对这些讨论，政府也积极配合。如2001年公布的"创建环境之国"的政府方针，2002年制定的"生物多样性国家新战略"、通过的《自然再生推进法》等，提出了实现"自然共生型流域圈"[10]的综合目标，推进实现自然恢复的措施。也就是说，现在已经到了一个转型期，即不再限于以前应对性的短期目标，而是转向了重视机制和过程的长期目标。

2.3　从不同角度和观点理解系统空间"场"

长期目标的设定，必须综合考虑各种观点。同样，要了解支撑目标设定的系统空间"场"，也必须从多个角度考虑。本章将以东京湾为例，根据东京湾的水循环和生态系统等自然科学的观点来了解系统空间"场"，以下介绍几个实例。

2.3.1　"流域圈"观点

陆地上的降雨从分水岭开始，以河流和地下水形式沿关东平原流动，最后注入东京湾，根据水文动力特征，确定东京湾大流域圈的范围。流水在穿过森林和平原途中融入各种元素，被人类利用后，获得更多的有机物和营养盐。一部分水通过下水道被处理后再次经河流等渠道流入海中，来自这些河流的有机物和营养盐负荷必然会对东京湾的水循环和水质造成影响。

根据陆地降雨量、来自流域外的河水流入量和海上降雨量求出流入东京湾的淡水量，进一步推断来自流域圈的影响。从1920年起，对每10年间淡水输入量进行平均计算，可以发现，20世纪60年代至20世纪90年代增加了约100 m³/s的输入量。淡水流入量的增加增强了湾内的河口循环等，对湾内的海水交换率产生了影响。以盐度分布为例，1947—1974年，在湾内的平均滞留时间为夏季30日、冬季90日。但是，2002年计算得出夏季为20日，冬季为40日[11]。这一实例体现了以东京湾海域这一系统空间"场"为基础的两个方面相互作用的重要性：一是东京湾与周边相连接的边界的相互作用（"场"之间的相互作用），二是东京湾与在此区域生产、生活的人类之间的相互作用。关于"场"之间的相互作用，不仅要考虑海陆交界线，还要考虑通过湾口的外海水的输入，与大气之间的热供给和辐射以及来自底质的溶出和沉积等，即必须考虑到从所有边界处将影响传播进来的状况。另外，关于与人类之间的相互作用，在前面例子中，从淡水输入量这一指标体现了人对环境的影响。由于溶于淡水中的营养盐的输入导致海域环境恶化，对人类健康和自然环境造成了影响，所以对淡水输入量进行了控制。推算显示，20世纪80年代每天有超过350 t的氮输入，而到2000年已经减少至220 t。这是人类活动对自然环境产生影响的实例，也表明人的活动同时受到环境的制约。因此，对东京湾，我们应该抱有谨慎的态度，最重要的是了解人类活动、包括人在内的系统空间"场"，以及包括上述要素在内的流域圈的理念。特别是对海岸修复工程这样的"建设工程"来说，有时人类活动影响过大，可能会切断或加速场界之间的连通过程，所以必须加以注意。

2.3.2 "生态系统网络"观点

杂色蛤（Ruditapes philippinarum）具有很强的海水净化能力，在改善环境方面应得到特别关注。但是，杂色蛤的资源量出现了全国性的减少，在东京湾也呈现出大幅度减少的趋势。现认为减少原因有多种，据了解，杂色蛤的浮游幼体通过水流去往生活栖息地的通道（生态系统网络）欠缺和断裂也是原因之一[12]。

由此可见，生态系统网络被视为能够确保生物数量和多样性的重要机制之一。为了掌握生态系统网络的实际状况，在东京湾进行了观测，目的是验证和掌握杂色蛤浮游幼体在潮间带的生活情况[13,14]。例如，2001年8月2日的观测中，在盘洲、富津、三枚洲—羽田海域中捕捞到大量孵化不久的壳长在100 μm以下的杂色蛤幼体，这说明在这些海域附近有幼体出生。在8月6日的观测中，发现这些幼体移动到海湾中部，这说明存在杂色蛤浮游幼体漂流的生态系统网络。为了确定这种生态系统网络的"生物洄游通道"的强弱和方向性，对此进行了数值计算。依据上述观测结果，将幼体的出生场地设在富津、盘洲、千叶港、三番濑、东京、羽田、横滨海域，并进行了大约2周的漂流计算。结果显示，在富津、盘洲，很多幼体回到了自己出生的地方，这说明存在着较强的双向的"生物洄游通道"。在东京、羽田、横滨一侧存在从北向南单向的较弱的"生物通道"（图2.4）[15]。

在双向的网络中，即使某个栖息地发生异常变化，通过另一地的供给种群也会得到恢复，这是物种的一种恢复能力。另一方面，在单向（非可逆的）网络中，如果上游栖息地发生异常变化，将会影响到下游栖息地，可推测这属于脆弱性的网络。因此，在"东京湾修复行动计划"中，将只具有这种单向网络，且网络通道较弱的千叶—东京—横滨的广阔海域，确定为重点修复海域。这是根据对生态系统空间"场"的了解来设定行动计划的实例之一。

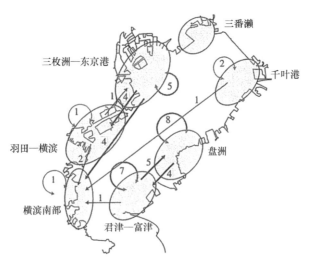

图 2.4　通过数值计算预测蛤仔浮游幼体的生态系统网络实例

(箭头数值表示 2001 年 8 月蛤仔浮游幼体漂流状况)

通过生态系统网络来掌握海域环境，除了利用局部的、瞬间的水质和物理环境数据来判断海域环境状况外，还要对周边关联海域进行连续监测，解读蕴藏在生物体中的环境条件信息，这具有重要意义。这些实例应该作为今后理解系统空间"场"方向的一种方法，也亟须开发其评价方法。

2.3.3　"生物栖息地"观点

尝试利用生物指标来评估环境，包括利用指示生物来区分海底环境[16]，如都县市首脑会议环境问题对策委员会水质改善分会提倡的"基于东京湾底栖生物的底质评估方法"[17]，将东京湾的底质环境评估级别划分为 5 级，根据底栖生物的出现种类总数等 4 个指标来打分，通过总分来评估底质环境。将生物作为指标不仅可以根据物理化学特性值来了解海域特性，还可以通过感官来了解海域特征。

同一时期采用相同方法对东京湾海域 14 处护岸进行调查，尝试分析生物分布的空间特性，为选择东京湾生态修复工程适宜区域提供基础资料。调查结果如下[18]。

2006 年 3 月及 9 月的调查结果如图 2.5 所示。3 月、9 月在水质污染严重的 G4～G6 附近，附着在护岸上的生物种类数出现了极小值。附着动物的种类数没有出现较大的变化，但是与 3 月相比，9 月附着植物种类数整体出现减少趋势。因附着动物在很大程度上长期依赖于水质的空间分布特性，受夏季贫氧水团和冬季风浪搅乱等因素的影响，对水质恶化和人为搅乱耐受力较强的生物，占有优势地位，且因短期环境变动发生的变化比较小（多样性较低但较稳定）。另外，附着植物受冬季透明度较高的水质条件等因素影响，3 月种类数增多，但随后受水质变动（夏季透明度降低和贫氧水团等）和季节性消长的影响，其栖息范围和种类数随时间发生了变化。

如果以这样的结果为基础，提出"环境的空间分布特性决定生物种类，时间变动特性决定生物量"的假设，那么从宏观角度来研究东京湾时，"动物与植物都可以栖息

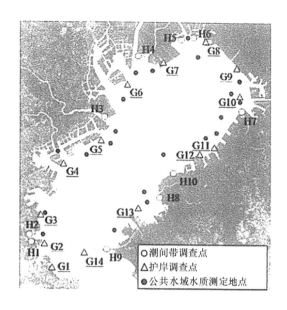

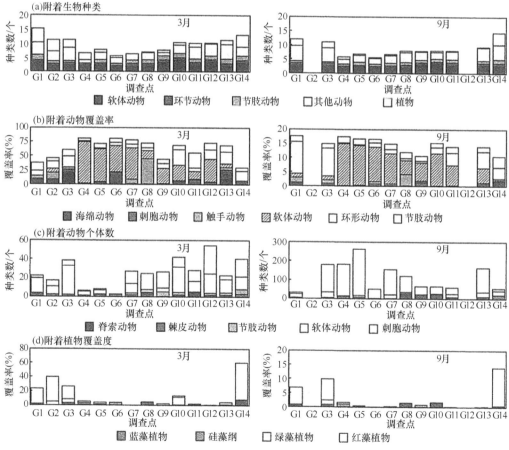

图 2.5 不同季节附着于东京湾海域护岸上的生物状况

在现在的东京湾海域中。但是，动物受空间变化特性的影响，在多样性较低时处于稳定状态。而植物随着季节以及环境变化，在生活史的各个阶段存在反复增减。因此，可以推测，在局部区域，通过创造一种环境条件完备的场所来提升附着生物多样性的方法是非常有效的。"

尽管这种假设在科学逻辑上并不严谨，但是通过评估结果，也能指导制定行动计划，即应该在哪里开展自然恢复。为了推广海岸修复工程方法，开展评价和论证是必不可少的。当然，这种评价必须在工程中进行验证，而且要尊重验证的结果，建立能够灵活调整的工程系统。前文介绍的"适应性管理"，就是对制定行动计划而采用的假设，在不断的监测中验证其真伪，推进恢复自然生态系统，并将这种管理方法实现程序化。

要完全搞明白生物各项特性是非常困难的。在"生物栖息地"观点中，为了掌握海域环境状况，引入了很多不确定要素和假设等，所以为了弄明白这些假设，开展调查、研究就显得十分重要。与此同时，将获得的研究结果与一般的假设进行比较，用"适应性管理"进行确认，同时促进对系统空间的理解和推动修复行动计划的实施。

2.4 探索潮间带建造的具体方法

对于潮间带、藻场、珊瑚礁等重要生态系统的保护修复方法，产业界和大学、政府、民众等各种主体积极参与，已经开发出多种技术[19]。国土交通省国土技术政策总合研究所（以下简称"国总研"）在阪南两个区进行了潮间带建造试验[20,21]，是城市滨海潮间带恢复项目的重要组成。另外，还在濒临东京湾新芝浦运河芝浦岛的护岸上建造了生物栖息地。

在阪南两个区域潮间带建造试验中，建设了具有潮池的阶梯形潮间带，具备了潮间带功能，这种方法受到普遍关注[22]，可能成为解决受场地制约的城市滨海潮间带修复的一种新方法。

国总研、东京都港口局、港区芝浦港南地区综合支所、运河文艺复兴协商会等合作，在东京都港区芝浦岛开展潮池—潮间带为核心的生物栖息地建造试验（图2.6）。这是以场地建造为对象的海岸修复工程方法，希望能够作为生物栖息地发挥聚集仔稚鱼以及为底栖生物/底栖藻类提供栖息空间的作用（图2.6、图2.7）。

护岸于2005年2月开工，2006年12月全部结束。其中阶梯部分的潮池等工程于2006年3月完成，在潮水的引导下，生物开始进入潮池。7月和9月低潮时，潮池内的水全部排出，对目标生物的栖息情况进行了调查。7月的调查结果如图2.8所示，潮池附近确实有大量仔稚鱼存在。在9月的调查中，黄鳍刺虾虎鱼、鳗鱼都比7月的大，推测是在潮池附近生长。为调查潮池内溶解氧含量，对涨潮时的运河水和退潮时潮池中的水进行溶解氧、水温、盐度测定，结果显示，潮池水中溶解氧含量较高[23]。

为了将这种"生物栖息地建造"模式推广，必须明确目标、制定具体行动计划，并根据考核标准进行严格管理。特别是栖息地建造的效果评价，必须把受到影响的生物栖息状况等纳入评估指标中，制定简单易行的考核标准，进而推进栖息地建设技术的进步。为此，把栖息地建造所需的土木工程学基础与评价相关的水产学、生物学紧密结合起来非常关键。

图 2.6 建造的东京都港区芝浦岛护岸的阶梯形潮间带
(国总研、东京都港口局、港区芝浦港南地区综合支所、运河文艺复兴协商会等合作,进行潮池实证试验,希望能够作为生物栖息地发挥仔稚鱼聚集以及为底栖生物/底栖藻类提供栖息空间的作用)

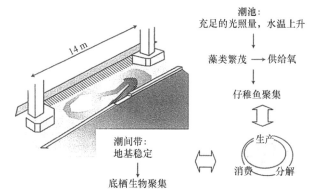

图 2.7 利用东京都港区芝浦岛护岸建造的阶梯形潮池的模型
(期待发挥出潮池的仔稚鱼聚集效果和作为底栖生物/底栖藻类栖息空间的作用)

潮池

	项目	A 池(北侧)	B 池(南侧)
水质	水温/℃	25.0	25.2
	盐度	6.0	5.0
	DO/(mg·L^{-1})	5.4	3.8
个体数(尾)	鲻	180	400
	虾虎鱼	154	350
	鳗鱼	2	1
	虾	5	23
	鲫鱼	0	1

图 2.8 东京都港区芝浦岛护岸建造的阶梯形潮池中仔稚鱼栖息状况
(治理 2 个月后:2006 年 7 月调查时,确实有大量仔稚鱼。在随后 9 月的调查中,黄鳍刺虾虎鱼、鳗鱼已长大,推测在潮池附近生长)

2.5 系统化的重要性

在对系统空间"场"了解的基础上，制定战略目标，运用所开发的方法推进自然恢复时，不仅仅局限于自然环境，还必须把社会条件包括在内，用宏观的视野去理解系统空间"场"。正如《海洋自然恢复指南》[24]指出的那样，建立"理念共享"和"空间计划研讨"过程是非常重要的。

所谓理念共享，是在利益相关者之间，就关于应该基于什么样的观点和理念而采取什么样的行动进行讨论，最终达成共识。人类对自然的认知态度是多种多样的，关于自然保护和开发问题，要取得不同价值观的众多利益相关者的一致认识，是非常困难的。参与开发与保护的相关者之间很容易因为价值观的不同而产生对立。一种是以可以开发利用为前提，按照这一理念（可持续性开发）思考包括人类参与的人工修复；另一种是认为自然本身具有价值，以人类不参与干预的"保护"和以恢复到以前的原始样子的"自然恢复"为核心。这两种理念的内容不同，不难想象，其目标也不一样。对于自然保护和开发的立场，存在着很多不同的认识，只有了解彼此的认识是基于何种考虑而产生的，并且互相尊重对方的想法，才能在讨论过程中，有效地调整和自我约束。

所谓空间计划研讨是在掌握人们的生活和自然环境的基础上，充分研讨今后应如何设定人类和自然环境的关系。也就是说，研究如何设定完善空间治理的概念。所谓自然环境修复，有人认为是"人与自然和谐相处"[25]。通过实施系统空间"场"的修复，是优先恢复以前那种人海和谐关系，还是重新构筑人和自然的关系，这些都没有确定的答案，各个地区都应该由利益相关者充分讨论后再去决定。

这种根据目标设定修复程序和过程，并为实现目标建立一套反馈机制，灵活调整对策的方法，就是适应性管理，也是土木工程学的标准方法。运用适应性管理方法和土木工程学方法，对于实现生态修复是不可或缺的。支撑生态修复的基础，是在各利益相关者达成理念共享和空间计划（人与自然和谐共生）研讨的基础上制定目标。为了实现这一目标，必须综合运用其他领域的专业知识，并且与不同专业领域的人进行广泛合作。

虽然目前还没有取得共识，但是相关解决问题的经验一直在不断积累。例如，在横滨的帷子川水际公园，作为海岸上的公园，不仅在护岸上设置了阶梯式潮间带和岩石、潮池，还计划在公园内部建造海水纳潮池，与支持在公园中进行活动的NPO合作，举办名为"大家一起来创造未来21世纪港口的海洋生物生存空间"的学习会等。在御台场海滨公园，作为都市修复项目及小学环境教育项目，由渔民、NPO、行政部门、研究者等合作，支持体验紫菜养殖活动。将这些海岸生态修复的经验积累且记述下来，并灵活运用是非常重要的。

参 考 文 献

1) 古川恵太：港湾事業における環境修復への取り組み, 月刊海洋, 35, 502-507 (2003).
2) 古川恵太・小島治幸・加藤史訓：海洋環境施策における順応的管理の考え方, 海洋開発論文集, 21, 67-72 (2006).
3) 国土交通省・海上保安庁：海の再生プロジェクト, Web公開資料：http://www.kaiho.mlit.go.jp/info/saisei/index.html, 2007.
4) 東京湾再生推進会議：東京湾再生のための行動計画（最終とりまとめ）, 2003, 21pp.
5) 東京湾再生推進会議：東京湾再生のための行動計画」第1回中間評価報告書, 2007.
6) シーブルー・テクノロジー研究会：シーブルー計画, 1989.
7) 運輸省港湾局：環境と共生する港湾－エコポート－, 大蔵省印刷局, 1994.
8) 国土交通省港湾局：沿岸域における自然再生事業, Web公開資料：http://www.mlit.go.jp/sogoseisaku/, 2001.
9) 国土交通省港湾局：港湾行政のグリーン化, 国立印刷局, 2005.
10) 内閣府総合科学技術会議：自然共生型流域圏・都市再生技術研究イニシアチブ報告書, 2005.
11) 高尾敏幸・岡田知也・中山恵介・古川恵太：2002年東京湾広域環境調査に基づく東京湾の滞留時間の季節変化, 国総研資料, 169, 1-78 (2004).
12) 国土交通省港湾局・環境省自然環境局：干潟ネットワークの再生に向けて, 国立印刷局, 2002.
13) 粕谷智之・浜口昌巳・古川恵太・日向博文：夏季東京湾におけるアサリ（*Ruditaoes philipinarum*）浮遊幼生の出現密度の時空間変動, 国土技術政策総合研究所報告, 8, 1-13 (2003).
14) 粕谷智之・浜口昌巳・古川恵太・日向博文：秋季東京湾におけるアサリ（*Ruditaoes philipinarum*）浮遊幼生の出現密度の時空間変動, 国土技術政策総合研究所報告, 12, 1-12 (2003).
15) 日向博文・戸簾幸嗣：東京湾におけるアサリ浮遊幼生の移流過程の数値計算, 水産総合研究センター研究報告2004, 55-62 (2004).
16) 風呂田利夫：東京湾の環境回復への提言 東京湾内湾底生動物の生き残りと繁栄, 沿岸海洋研究ノート, 28, 160-169 (1991).
17) 東京都環境局環境評価部広域監視課：東京都内湾の水環境, 環境資料第133号, 2001.
18) 五十嵐学・古川恵太：東京湾沿岸域における付着生物および底生生物の空間分布特性, 海洋開発論文集, 23, 459-464 (2007).
19) 国土技術政策総合研究所・アマモサミット・プレワークショップ2006組織委員会：海辺の自然再生に向けて 干潟・藻場・サンゴ礁の再生技術, Web公開資料, http://www.meic.go.jp/, 2007.
20) 上野成三：大阪湾再生への取り組み事例－都市臨海部に干潟を取り戻すプロジェクト（阪南2区干潟創造実験）－, 雑誌港湾, 2005年4月号, 26-27 (2005).
21) 古川恵太・岡田知也・東島義郎・橋本浩一：阪南2区における造成干潟実験－都市臨海部に干潟を取り戻すプロジェクト－, 海洋開発論文集, 21, 659-664 (2005).
22) 岡田知也・古川恵太：テラス型干潟におけるタイドプールのベントス生息に対する役割, 海洋開発論文集, 22, 661-666 (2006).
23) 柵瀬信夫・加藤智康・枝広茂樹・小林英樹・古川恵太：都市汽水域の生き物の棲み処づくりにおける順応的管理手法の適用, 海洋開発論文集, 23, 495-460 (2007).
24) 海の自然再生ワーキンググループ：海の自然再生ハンドブック, 第1巻総論編, ぎょうせい, 2003.
25) 国土技術政策総合研究所・海辺つくり研究会：海辺の自然再生に向けて 各地からのメッセージ, Web公開資料, http://www.meic.go.jp/, 2006.

第 3 章　大阪湾生态修复技术

上岛英机[*]　大冢耕司[**]　中西敬[***]

在日本，正式推进自然环境修复政策和项目是在《自然再生推进法》实施之后。2001 年在构建"21 世纪'环之国'会议"中提出了推进《自然再生型公共事业》的建议，2002 年制定了"新的生物多样性国家战略"，随后通过并实施了《自然再生推进法》。与此相关，内阁府综合科学技术会议在环境方面设置重点研究课题——"自然共生型流域圈与都市修复技术研究"。作为这项技术研究的先导计划，实施了都市与流域圈自然恢复的示范研究。另外，根据《自然再生推进法》，自然再生协商会在全国开展以"森林、河流、海洋"为对象的流域圈研究活动，至 2007 年共实施了 18 个项目。与此同时，以封闭性海域为研究对象的"全国海洋修复项目"，于 2003 年在东京湾、2004 年在大阪湾、2006 年在伊势湾和广岛湾开始实施，设置了以国土交通省为主体、由相关自治体机构参与的推进会议，着手编制"修复行动计划"。

在此背景下，对海洋生态修复来说，必不可少的生态修复技术开发并不充分，技术效果和功能相对落后。为开发有效的修复技术，必须在目标海域进行试验验证，以确保技术在实际使用中有效。对目标海域采取的修复技术与该海域的生态问题和修复目标是否吻合进行效果评估，以及将功能各异的修复技术进行最佳组合（best mix），以此来实现复合效果，也是非常重要的。同时，还应考虑技术投资经费。

为了解决这些问题，从 2001 年至 2003 年，在位于封闭性较强的大阪湾湾顶的尼崎港首先实施了试验。此次试验是对生态修复技术的最佳组合效果和各项技术功能的实证试验（Field·Consortium）。环境省于 2001 年首次实施"环境技术开发推进项目（实用化研究开发课题）"，在募集建议中，收到了名为"封闭性海域最佳生态修复技术集成"[1]的课题。在尼崎港进行的将各种功能的技术组合实施的实证试验，在国内外都没有先例。目前，各地均展开了实证试验，以期开发出大量的经实证有效的修复技术。

3.1　大阪湾的环境

在封闭性较强的大阪湾，因人口和产业集中而使流入湾内的负荷过多，又因填海造陆导致地形发生变化，从而使水质、底质恶化现象不断加重。另外，作为生物栖息地的潮间带、藻场等浅海海域消失，导致海域的自净能力低下。夏季底层出现贫氧化，生物无法栖息的海底范围不断扩大，约占据了大阪湾 1/3 的海域[2]。为了消除引起环境恶化

---

[*]　广岛工业大学大学院环境学研究科。
[**]　大阪府立大学大学院工学研究科。
[***]　综合科学株式会社海域环境部。

的原因，人们尝试通过削减流入负荷、建造人工潮间带和藻场来修复环境。虽然水质得到一定的改善，但是仍存在大规模的贫氧水团，渔场环境状态并非完全改善。大阪湾环境无法恢复的重要原因是：由于底质中营养盐的溶出、浅海海域的面积缩小和贫氧水团的蔓延，导致生态系统所具有的自净能力遭受到毁灭性的破坏。可以认为，环境恶化的原因既是比较明显的"单向型恶化"（图3.1中的➡），也是复合型原因引发的"循环型恶化"（图3.1中的⇨），即"沿岸环境恶性循环"所致。

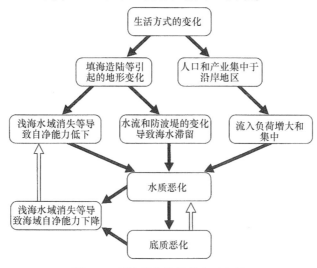

图 3.1　环境恶化的关联和不良循环

这种沿岸环境恶性循环在封闭性较强的海湾内、人工岛与陆域之间海域中非常明显。为了改善环境恶性循环，不能只靠单一修复技术，而是必须将多种修复技术组合起来运用。另外，为了将恶性循环转为良性循环，有必要继续研究适用于本地的修复技术。

3.2　生态修复的动向和课题

3.2.1　生态修复的动向

根据《都市再生特别措施法》，大阪市于2003年设置了"大阪湾修复推进会议"，推进大阪湾的修复。在大阪湾修复过程中，提出"制定和实施大阪湾水环境改善对策，包括进一步强化削减污染源，以及通过恢复海域的良好环境来实现水质净化等。通过实施这些措施，重点构建海洋和都市的紧密关系，实现综合性的海洋修复"。在多个引人注目的宣传开放区域，通过NPO和市民的参加，实施了各种各样的措施。另外，国土交通省设立了"运河魅力修复项目"，从2007年起，尼崎市重新发现了运河的魅力，灵活利用区域特点打造水岸繁华空间，并建设成为以水上网络为核心的魅力示范区。

在经济高度成长期，沿岸地区成为填海造陆的主要区域，导致环境明显恶化。人们现在重新认识到作为都市基础设施的海岸的存在价值，目前正在努力推进生态修复。

3.2.2 生态修复的课题

为了推进沿岸地区生态修复，必须对"需求""机制""技术"等问题进行研究（图 3.2）。"需求"是指希望沿岸环境变好的需求与意识。调查表明，城市居民缺乏海洋意识[3]，如何能够让居民认识到海洋的存在及其环境问题是与其日常生活息息相关的，这是一个课题。

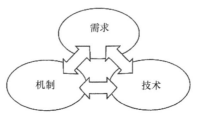

图 3.2　推进生态恢复所面对的课题

"机制"是指作为实施措施的工作机制及预算。海洋作为公共财产，应该由谁采用什么样的措施来实施修复呢？修复时使用多少预算？在没有边界的海洋上，进行行政划界也是一个非常大的课题。

"技术"方面将在第 3.3 节中以尼崎港的修复措施为例进行介绍。

只有在"需求""机制""技术"之间达到平衡，才能推进都市沿岸区域的生态修复。从现状来看，随着"需求"的提高，市民和 NPO 提出的软性措施开始推进，但海洋作为城市的基础设施，改善其环境的硬性措施却一直没有进展。

3.3　尼崎港生态修复技术的效果检验

以尼崎港生态修复为例，介绍几个方面的修复措施[4,5]，这些案例将最佳的修复技术组合应用于实践中，在实证效果的基础上，推进实现业务化。

3.3.1　研究框架

尼崎港位于大阪湾湾口处，为了修复其受多种原因影响而恶化的港内环境，现尝试将多种修复技术组合，运用"生态修复技术最佳组合"进行试验，生态修复流程见图 3.3。

根据已有数据及补充调查获取的数据，分析港内物质循环结构组成，对港内环境进行诊断。在查明环境恶化原因的同时，设定修复目标（表 3.1），并提出实现目标的基本方针（表 3.2）。

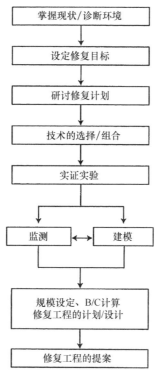

图 3.3 尼崎港生态修复流程

表 3.1 定量修复目标

项目		目标	现状
水质	透明度（年平均）	5 m 以上	2.5 m
	DO（夏季底层）	3.0 mg·L^{-1}以上	0 mg·L^{-1}

表 3.2 目标实现的基本方针

①削减污水负荷，不在本研究的对象措施之内
②修复技术在海港内外不会产生新的环境影响
③利用自然能源（不会消耗化石燃料）
④不需要维护管理
⑤使用自然材料
⑥不会影响港湾功能

3.3.2 实证试验设施和研究内容

针对环境恶化的各种因素，将海藻浮床、生态护岸、人工潮间带、使用石砌堤的封闭性潮间带、水流状况控制等各种修复技术组合，应用于尼崎港海域（图3.4），验证

各种技术组合起来的复合修复效果。

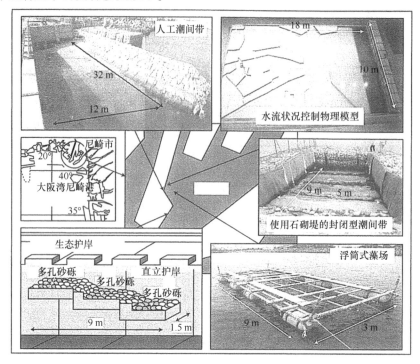

图 3.4　实证试验设施概要

（1）海藻浮床

尼崎港内水体透明度非常低，作为最佳改善光线环境的藻场建造方法——海藻浮床，被应用于该海域。采用海藻浮床，能够减少在较深的水域建造海藻床的成本。用于浮床的筏子长 1 m、宽 3 m，设置了 3 部。在筏子垂下的绳子上种植了 10 种海藻种苗，观察其生长情况。主要结果如下。

①10 种海藻中裙带菜是藻场构成的最佳物种。

②平均每 100 m^2 可收获 30~100 kg（湿重）的裙带菜，相当于 0.6~2 kg 氮量。

③验证了堆肥化、超临界水技术及甲烷发酵等裙带菜的循环型利用方法。结果显示在超临界水中可以将海藻中 7.8% 的碳回收，而在甲烷发酵中可以将海藻中 34% 的碳作为甲烷气体回收。

（2）生态护岸

生态护岸建设是以恢复直立护岸的生态系统和削减海底沉积物输入量为目的，在已有的直立护岸上进行生态建设。沿护岸布置棚台子，每个棚台子长 3.0 m，向海一侧宽 1.5 m。将这些棚台子分别设置于 0.5 m、1.0 m、1.5 m 水深处，调查其附着生物种类和生物量的变化。主要调查结果如下。

①与建设的直立护岸相比，发现棚台子上沉积食性生物（量）要高出 10 倍以上，很明显这里可以栖息种类和数量众多的生物。

②附着于岩壁上的贻贝等产生的有机物落在棚台子上，沉积食性生物食用这些有机碎屑，与直立护岸相比，输入海底的有机物的量能够削减 64%。

③通过削减输入海底的有机物负荷，能够消减海底有机物降解所消耗的氧气，使氧气的消耗量减少约11%，有助于改善港内的底层溶解氧。

（3）人工潮间带

由于港内的地基柔软，沿着地基相对良好的已有护岸建造人工潮间带，坡度为1/50，长32 m，宽12 m。另外，将潮间带面积的2/3作为潮上带，1/3作为潮下带。在对人工潮间带的物理环境及生物相的变化进行监测的同时，人工放流蛤仔，调查其生长、存活情况。主要监测结果如下。

①蛤仔生长3~7个月，平均每平方米潮间带吸收、固定的氮约为18.8 g，磷约为1.86 g。

②在水体较为平静的区域，厚壳贻贝等双壳贝形成底层生长密集层，影响蛤仔等的生长。在潮间带地面设置小规模突起状的建筑物，产生的旋涡能够在底质上形成搅乱效果，具有防止形成生长密集层的作用。

（4）使用石砌堤建设封闭性潮间带

建造石砌堤围成封闭性潮间带，可起到清除海水中的悬浮物、净化水质的作用。该堤坝全长41 m，向海一侧坝体墙宽为4 m，侧面坝体宽为1.5~2 m。用石砌堤围成的封闭性潮间带为5 m×5 m的矩形形状。主要监测结果如下。

①石砌堤可产生砂砾间接触氧化效果，悬浮物清除率最大可达到75%，能够提升堤坝内水体的透明度。

②由于水流平稳及透明度较高，内部附着藻类的活性升高，能够通过光合作用产生氧。

（5）水流状况控制

大阪湾属于封闭性较强的海域，特别是从湾顶区域的西宫、尼崎海域至岸和田海域，被从明石海峡至海湾中部形成的强大循环流阻挡，形成了海水长期滞留的停滞海域。为了改进大阪湾整体的海水交换，利用濑户内海大型物理模型试验场进行试验。该试验是利用明石海峡的潮流将循环流扩张、推动至海湾湾口处，并且对试验效果进行了验证。如果能够根据海湾的特性确定形成循环流的要点，则可以在最小的地形变化（包含建造物在内）下对水流状况进行控制[6]。因此，以改善停滞性较强的海域水质和消除贫氧水团、改善透明度为目的，使用重现尼崎港的物理模型进行了物模试验。试验的内容是：对利用潮流促进海水交换的水流状况控制技术进行验证。尼崎港物理模型建在日本产业技术综合研究所的平面水槽内（深18 m，宽10 m，水平比例尺为1∶500，垂直比例尺为1∶63）能够重现当地的潮流场。试验的主要结果如下。

①试验证明，作为提高港内海水交换的方法，对一部分填海造陆区域进行开挖，在填海造陆区内建造蓄水池等是非常有效的。

②试验证明，为了改善港内营养盐的滞留情况，改变污水处理设施的排放位置是非常有效且现实的方法。

3.3.3 生态修复技术的最佳组合

根据尼崎港实证试验的监测结果和物理模型试验结果，确认了个别技术的效果，同时就生态修复技术的最佳组合进行了研讨。另外，为了定量评估修复技术组合产生的复合效果，进行了生态系统模型的模拟试验。

（1）生态修复技术的功能互补关系

根据监测结果，可以对各技术所拥有的主要功能进行定量化（表3.3）。确认各个实证试验设施的功能具有互补关系，表现出了复合效果。这些相互关系如图3.5所示。图中外侧的框架为"流场"，即水流状况控制。水流状况控制和海藻浮床、生态护岸、人工潮间带、封闭性潮间带的互补功能用灰色框表示。粗箭头表示海藻浮床、生态护岸、人工潮间带、封闭性潮间带之间的互补功能。另外，关于海藻的孢子（游孢子）、附着动物和底栖动物的幼体等的供给，全部属于修复技术所产生的相关功能，所以在该图中已省略。

表3.3　各修复技术所拥有的功能

技术	功能	单位	值
海藻浮床	海藻吸收、固定溶解态营养盐	kg/（100 m^2·a）（以N计）	0.6~2.0
生态护岸	栖息在架子上的生物可清除有机物	%（占直立护岸比率）	64
人工潮间带	双壳类捕食有机物并将其从沉积物中去除	kg/（100 m^2·5个月）（以N计）	约2.0
封闭性潮间带	通过砂砾间接触氧化等除去悬浮物	%（悬浮物清除率）	最大75

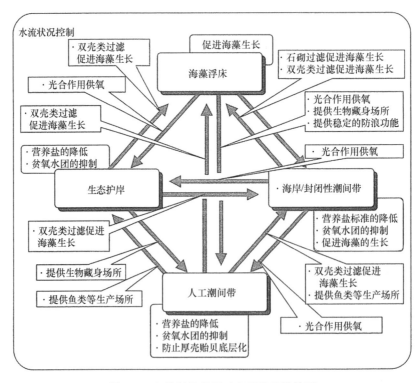

图3.5　各修复技术相互之间的互补关系

(2) 复合叠加效果的定量化

实证试验中选择的生态修复技术相互之间具有很多互补功能，并且多项技术相互联系，使效能进一步扩大。基于物质循环的生态模型对技术组合产生的效果进行定量化预测，预测通过双壳类对悬浮物的过滤作用促进光环境改善以及通过海藻光合作用供氧等，并尝试定量评估修复技术组合所实现的水质改善效果。

在尼崎港区域运用生态修复技术进行试验建模，对有无使用生态修复技术和不同技术组合等进行计算比较。此时使用的生态系统模型为物质循环盒子模型，由于无法考虑港内水流状况的变化，所以对于水流状况控制模型来说，只考虑将污水处理厂的排放口移动至港口区域时（相当于输入量减少）的情况。

以中谷等[7]开发的临空公园内海生态系统模型为基础，构建尼崎港的评估模型，如图3.6所示，将浮游类、附着类、底栖类、底质类、堤身类等各生态系统模型作为独立的盒子，每个盒子都可任意组合。为了能够反映各项技术的特点，将裙带菜、紫贻贝、蛤仔等生物的生物量（3月和9月）纳入计算。针对由海藻浮床、生态护岸、人工潮间带、水流状况控制等各修复技术组合而成的10个场景，将透明度及DO作为指标，进行效果预测，其结果见表3.4。尼崎港内设置：①海藻浮床35 hm²；②生态护岸4 600 m；③人工潮间带42 hm²；④岩质海岸为14 hm²；⑤水流状况控制（污水处理厂污水排放位置调整）。对组合D预测结果显示，港内夏季的透明度约为4 m（表3.4所示组合A的透明度为1.1~1.3 m。另外，组合的年平均透明度为2.5 m）、底层溶解氧约为3 mg/L（组合A的DO值为0.03~0.32 mg/L）。

表3.4 各技术组合效果的比较（主要预测评估结果）

设施的组合	运用技术					效果（9月的水质）	
	海藻浮床	生态护岸	人工潮间带	封闭性潮间带	水流状况控制	透明度/m	底层DO/(mg·L⁻¹)
A						1.1~1.3	0.03~0.32
B		○				1.5~3.1	0.88~2.02
C	○	○	○	○		2.2~3.5	1.12~2.24
D	○	○	○	○	○	2.4~3.7	1.56~2.85

注：表中水流状况控制意味着污水处理厂的排水口位置调整

(3) 尼崎港生态修复工作建议

为实现尼崎港的生态修复目标，须采用前文所述的修复技术组合。但是，直接运用这种大规模技术对尼崎港进行修复，不一定能够达到预期目标，因此，应进一步考虑可实现性，进行技术配置、规模设定、施工方法等相关的个案研究。根据研究结果向港湾管理者提出建议，认为港内的生态修复实施内容为建设人工潮间带22 hm²、海藻浮床8 hm²、生态护岸1 100 m。通过实施这些修复工程，港内的透明度变为2.2 m，底层的DO变为1 mg/L。虽然没有达到修复目标，但使得海底的无氧状态得以消除。这些工作所需费用的计算结果见表3.5。

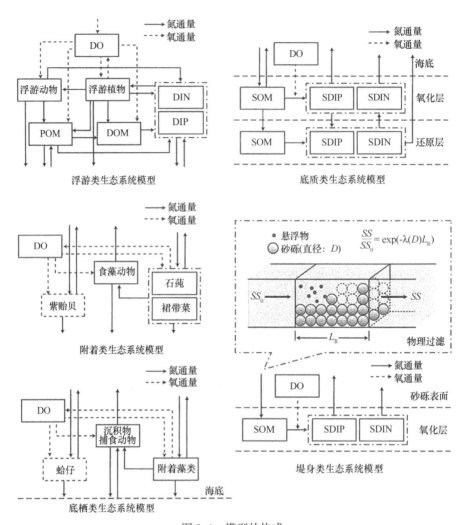

图 3.6 模型的构成

表 3.5 成本核算

区分	参数和规模	估算事业费
潮间带及岩质海岸	拦沙潜堤：约 2 800 m	28 亿日元
	潮间带：约 22 hm²	74 亿日元
海藻浮床	约 8 hm²	0.5 亿日元
生态护岸	长约 1 200 m	15 亿日元
合计		117.5 亿日元

3.4 推进封闭性海域的生态修复

为了推进封闭性海域的生态修复，必须按照环境诊断、目标设定、计划研讨、技术选定和组合、效果预测评估和成本核算"投入产出比（B/C）"的顺序来进行（图 3.3）。在尼崎港采取的措施就是在实际的海域将这一过程具体化的实例。

正如前文所述，居民的环境意识等"需求"较低，制度和资金等"机制"处于不充足状态，在这种现状下，按照这种顺序来开展工作是非常困难的。像作者这样拥有专业"技术"的人员如果不积极参与，唤起环境意识的"需求"和"建立机制"，则生态修复不可能获得进展。

对技术效果评估的不确定性是造成生态修复速度缓慢的另一个原因。特别是在讨论 B/C 时，环境改善能否获得成功的估计非常重要。但是，复杂而难以预测的生态系统是决定能否获得良好效果的关键，因此不得不以一种程度的不确定性为前提得出结论。为了推进生态修复，"边做边学"的"适应性管理方法"不可或缺。另外，为了推进生态修复进程，必须有多个主体参与，形成一致意见。但是，从日本的社会习惯来看，总是以创造生活空间为前提，缺乏环境保护热情和理念。而且，要实现生态修复的业务化，还必须有"自然修复型公共事业"支持。既然在获得经济收益时破坏了生态环境，那么投入资金进行生态修复也是理所当然的。日本如果也像美国一样实施"补偿"制度，在促进生态修复方面也许会更有成效。

用于生态修复的"需求""机制""技术"等方面都还有很多需要解决的问题，市民、行政人员、研究人员应该站在同一立场，不仅仅停留在表面上的"修复"，更重要的是脚踏实地切实推进修复。

参 考 文 献

1）上嶋英機：閉鎖性海域における最適環境修復技術の効果検証と最適技術のパッケージ化，土木学会論文集，741，95-100（2003）．
2）中西 敬：海生生物の生息空間に及ぼす貧酸素水塊の定量的影響評価，海岸工学論文集，48，1061-1065（2001）．
3）中辻啓二：海域環境の保全・創造策に関する調査研究，大阪湾に対する住民の意識調査，2001，pp.2-26．
4）財団法人国際エメックスセンター：閉鎖性海域における最適環境修復技術のパッケージ化研究開発成果報告書，平成15年度環境技術開発推進事業［実用化研究開発課題］．1.1-8.2（2004）．
5）上嶋英機・中西 敬：閉鎖性海域における最適環境修復技術のパッケージ化，環境技術，34，2-6（2005）．
6）上嶋英機：沿岸域における最適環境修復技術，水工学シリーズ03－B-7，土木学会（海岸工学委員会・水工学委員会），2003，pp.B-7-1-19．
7）中谷直樹・大塚耕司・奥野武俊：生態系モデルを用いた環境修復技術の機能評価－りんくう公園内海の事例－，土木学会論文集，Ⅶ-30，13-28（2004）．

第4章 广岛湾生态系统保护和管理

桥本俊也* 青野丰* 山本民次*

4.1 广岛湾概况

广岛湾是由仓桥岛和屋代岛包围的封闭性内湾,面积约为 1 043 km^2,容积约为 2.69×10^{10} m^3,通过音户濑户、柱岛水道、大畠濑户与安艺滩和伊予滩相连(图4.1)。广岛湾内被严岛、西能美岛及两个岛中间的奈佐美濑户分为北部海域和南部海域。北部海域封闭性更强,面积为 141 km^2(如果加上吴湾、江田岛湾,则为 210 km^2),容积约为 2.2×10^9 m^3,比南部海域(2.47×10^{10} m^3)要小一个数量级。

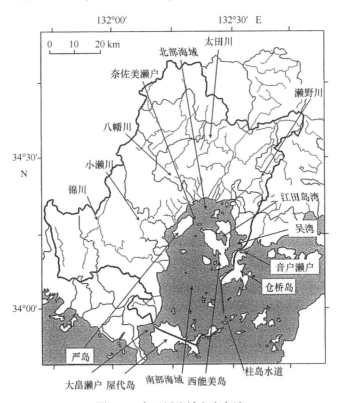

图4.1 太田川流域和广岛湾

---

* 广岛大学大学院生物圈科学研究科。

北部海域除了一级河流太田川和八幡川外，还有濑野川等河流流入。南部海域则有小濑川、锦川等河流流入（图4.1）。在这些河流中，太田川的流域面积为1 700 km², 比整个广岛湾的面积还要大，全年流量约为$2.7×10^9$ m³。因此，北部海域受淡水流入的影响导致盐度梯度比较明显，除了寒冷季节水体垂直混合充分外，经常受盐度差影响而分层[1]。

太田川流域森林覆盖率约80%，从河流中游的行森川汇合流到祇园水闸一段，河水非常清澈，于1985年被环境厅（现为环境省）选入全国名水百选榜。但是，在流经政令指定都市广岛市（人口约115万），河流携带大量营养盐，然后流入广岛湾。

据环境省调查，广岛湾的总磷输入量与高峰时相比削减了约6成。另外，笔者收集了在太田川河口区域3个监测点（大芝水闸、御幸桥、仁保桥）的磷浓度监测值，乘以这些监测点上游的矢口（第一观测站）的流量，计算出总磷（TP）及溶解态无机磷（DIP）的输入量。结果显示，两者都出现了减少趋势。特别是DIP输入量与1980年前后高峰期相比，约为高峰期的1/3，出现了明显的减少趋势，这与环境省的调查结果相同（图4.2）[2]。DIP浓度减小的原因主要是广岛市无磷洗涤剂的使用和下水道的普及（广岛市下水道局统计：截至2003年3月，普及率为91.1%）。

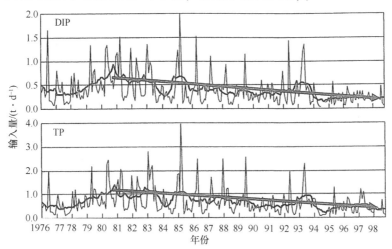

图4.2　太田川带给广岛湾的磷输入量
上图：溶解态无机磷（DIP），下图：总磷（TP）。通过在河口区域的3个地点监测的
浓度平均值乘以上游矢口（第一观测站）测定的流量的连续测定值求出[2]

环境厅（现环境省）作为封闭性海域濑户内海的水质环境保护部门，根据1973年制定的《濑户内海环境保护临时措施法》以及1978年修订通过的《濑户内海环境保护特别措施法》，采取了以削减来自陆源污染为核心的措施，使一度出现富营养状态的海域得到了改善。但是，无论怎样削减污染负荷，很多海域水质仍没有完全好转，底质的污染也没有完全获得改善，渔业生产仍蒙有一层阴霾。因此，除大阪湾之外的海域，在第6次水质总量限制中暂停了削减政策的实施。

目前，广岛湾牡蛎养殖的生产量约降至高峰时的1/2，有研究认为，削减污染负荷对其影响很大[3,4]。生态系统并非仅由水质和底质等无机环境构成，内部还栖息着各种各样的生物,构成了生物间的摄食与被摄食的关系以及生物与非生物的关系,并受外部作用产生动态变化,因此,在广岛湾地区,采用削减输入量并没有改善海域的水质,反而直接影响到养殖牡蛎的生产,对于上述问题可以从生态学的观点出发认真思考。

为了制定更好的环境保护措施,需掌握生态系统内部物质循环特征,因此,近年来开始使用生态系统模型。若忽视广岛湾区域作为持续养殖牡蛎的重要场所,则无法保护广岛湾海域生态系统。因此,接下来将根据纳入牡蛎养殖的低级生态系统模型计算的结果,介绍广岛湾生态系统对污染负荷的响应情况。

4.2 基于生态系统模型的牡蛎养殖影响评估

构建嵌入牡蛎生长特性的低级生态系统模型,并运用于广岛湾,以此来研讨牡蛎养殖在多大程度上对初级生产和底质有机物的负荷造成影响。

牡蛎养殖大多集中在广岛湾北部海域,因此,以那沙美濑户以北的北部海域为研究区域,在南部海域及吴湾设定分界线(图4.3)。将北部海域假设为一个盒子,广岛湾北部的牡蛎养殖场全部存在于盒子中,其面积为牡蛎筏的数量乘以筏的平均尺寸(10 m×20 m)。在广岛湾北部海域,受河流影响,盐度分层非常明显,据了解,在冬季也出现分层现象[1]。密度分层通常在水深约5 m界面附近发生[5],所以将研究区域以水深5 m为界,分为上层和下层。将北部海域上层和下层、牡蛎养殖场上层和下层作为4个盒子进行模型计算。

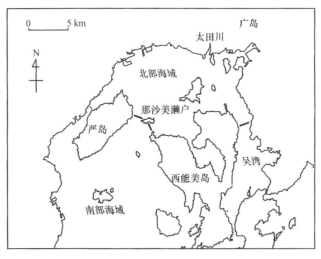

图4.3 广岛湾的地理形状
(以那沙美濑户以北的北部海域为计算区域。图中的线为边界线)

广岛湾北部海域的海水交换依靠对流和扩散进行。北部海域在很大程度上受到来自一级河流太田川淡水流入影响,来自太田川的淡水比海水密度要轻,由上层流入南部海域,因此形成了从南部海域下层流入的海流(河口环流)[5]。把这种河口环流作为对流处理,将潮流等其他海水的活动全部作为扩散来处理。对流、扩散的大小以实测的盐度为基础计算[6]。

本章以磷为对象构建生态系统模型。将营养盐、浮游植物、生物碎屑（颗粒有机物）、溶解有机物、浮游动物这5个模块嵌入到北部海域生态系统模型中；在牡蛎养殖场，增加牡蛎模块，将6个模块嵌入到生态系统模型中（图4.4）。浮游植物的光合作用等牡蛎本身之外的生物化学过程的公式和参数的设定参照已有的学术论文[7,8]。水温等环境因素的变化和食物浓度对牡蛎生长和排泄等生理反应的公式和参数设定以Song-sangjinda等[9]的研究为依据（图4.5）。来自太田川的磷输入量等根据公共机构发布的资料计算[10]。对于沿岸的工厂等不经河流直接排入海域的磷的量来说，根据经河流流入广岛湾的总磷（TP）量和从工厂等处流入的TP量的比[11]计算得出。降水带来的DIP输入量是按汤浅[12]报告中雨水中DIP浓度值乘以降雨量求出。而且还计算出牡蛎养殖场溶解氧浓度变化。在牡蛎养殖场，假定牡蛎粪便对海底沉积物造成的负荷比例非常大，溶解氧的消耗方面只考虑牡蛎粪便的分解。将广岛湾北部海域每季度实际监测的溶解氧浓度求平均，将平均值作为边界条件赋值。时间步长按照0.002日时长计算，从1月1日开始计算1年。

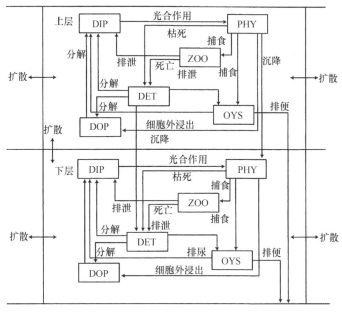

图4.4 牡蛎养殖场内的模型概要

DIP：溶解无机磷，DOP：溶解有机磷，DET：生物碎屑，PHY：浮游植物，ZOO：浮游动物，OYS：牡蛎

将广岛湾北部海域上层DIP浓度和牡蛎去壳重量的计算结果和实测值进行比较（图4.6、图4.7），可以判断，模型很好地重现了北部海域现状。

牡蛎排放出的粪便、假粪便比重很大，所以沉降速度快，直接成为牡蛎筏周边底泥有机污染源，导致底质环境恶化。根据模型的计算结果来看，牡蛎的粪便、假粪便向底泥输入磷的量，全年约为23.9 t，这个数值相当于太田川输入广岛湾北部海域磷总量的23%。据此可以认为大量有机物集中在牡蛎养殖场周边局部区域，并造成这些区域的有机污染，因此，牡蛎养殖对底质的影响非常大。根据牡蛎养殖场底层溶解氧浓度的计

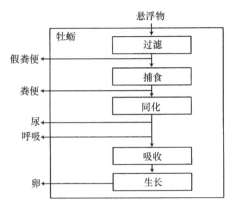

图 4.5 牡蛎的生理反应模型概要[9]

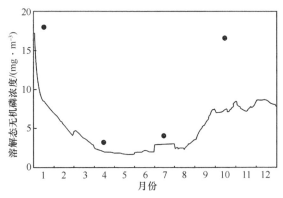

图 4.6 生态系统模型的计算结果（广岛湾北部海域上层 DIP 浓度的月变化）
实线表示计算结果，黑色圆圈表示实测值

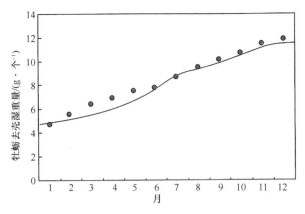

图 4.7 生态系统模型的计算结果（平均每个牡蛎个体湿重的月变化）
实线表示计算结果，黑色圆圈表示实测值

算结果（图 4.8），冬季垂直混合期显示出较高的溶解氧浓度，但是，从分层形成期的初夏时节开始，随着养殖筏向南部海域移动，尽管养殖量减少，但溶解氧浓度也开始慢慢下降，至9月中旬出现了最低值。众所周知，底层溶解氧浓度低会对底栖生态系统造成重大影响。另外，因贫氧水团的规模扩大造成鱼类、贝类死亡的渔业灾害也屡见不鲜。水产用水标准[13)]中规定，内湾渔场夏季底层溶解氧浓度必须维持的最低限值为3.0 mL/L。从模型的计算结果来看，溶解氧浓度较低的9月，牡蛎养殖场底层溶解氧浓度（在当前的养殖量下）为2.95 mL/L，稍低于3.0 mL/L。在该模型中，考虑到了6月至9月期间养殖筏向南部移动的因素。尽管北部海域牡蛎的个体数大幅度减少，但还是很明显地出现了夏季渔场溶解氧浓度低的情况。从这些结果可推测，牡蛎排泄物产生的有机污染对养殖场周边环境造成了很大影响。

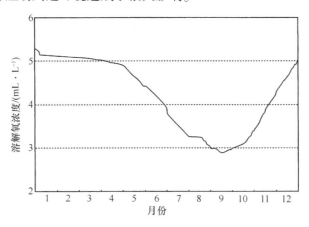

图4.8　生态系统模型的计算结果
牡蛎养殖场底层溶解氧浓度的月变化

利用该模型，将牡蛎养殖量分别假定为150%、130%、100%（现状）、70%、50%，评估养殖量变化对环境产生的影响。首先计算各个养殖量时牡蛎养殖场底层水体的溶解氧浓度。在当前的养殖量条件下，9月份的溶解氧平均浓度最低。从图4.9可见，当养殖量比现状增加时，溶解氧浓度比现状更低（130%：2.60 mL/L，150%：2.38 mL/L）。反之，将养殖量减少至现状以下时，溶解氧浓度上升（70%：3.30 mL/L，50%：3.53 mL/L），超过了前文所说的标准值（3.0 mL/L）。底层溶解氧浓度上升会改善底质环境，使底栖生物量增加，促使渔场整体保持健康状态。从该模型的计算结果来看，减少（或削减）养殖量是恢复渔场环境和保持渔场持续利用的有效手段。1999年1月举行的"广岛牡蛎紧急对策联络会议"决定，在1999年将广岛湾内牡蛎筏数量削减10%，5年内削减30%。这一养殖量削减目标并非基于科学依据设定，但是该模型的计算结果很偶然地证明了这个削减目标（30%）是一个合适的数值。

养殖量减少必然导致水产收获量减少，这对于依靠养殖牡蛎为生的渔业从业者来说并不是简单就能接受的事。减少牡蛎养殖量，会增加每个牡蛎的食物分配量，结果会产生增加个体重量的效果。在该模型中，将养殖量设为70%时，平均每个牡蛎个体的重量增加7.6%。体积大的牡蛎售价也会升高，有望弥补养殖量减少所造成的经济损失。但是，所生产的牡蛎如何定价，与其他海域牡蛎产量等因素有关，所以这个问题不能简

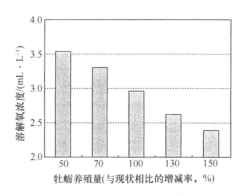

图 4.9　生态系统模型的计算结果
(改变牡蛎养殖量时养殖场底层溶解氧浓度，9月的平均值)

单地预测，为了科学地实施削减牡蛎养殖量的措施，这是一个今后必须考虑的重要课题。

4.3　结束语

　　采用木筏式养殖的牡蛎，是以浮游生物和有机碎屑等为主要食物的滤食性生物。作为其食物的浮游植物生长依赖于营养盐输入量的多少，所以以浮游植物为食的牡蛎当然也在很大程度上依赖于营养盐输入量。也就是说，营养盐负荷的增减决定了初级生产量的大小，而且会影响牡蛎的生产量[4,8]。但是，正如本章所述，过剩的初级生产量和牡蛎粪便等会引起贫氧。由于生态系统内的物质循环非常复杂而且处于动态变化中，所以只靠天马行空的想象是无法找出答案的，必须设定能够最大限度且持续性养殖牡蛎的限值标准。也就是说，预测"环境容量"必须有科学依据。这也正是生态系统模型计算的意义（价值）所在。广岛县实施的削减30%养殖数量的措施未必有科学依据，但是笔者的计算偶然证明了30%这个数值是合适的。

　　本章介绍的数值模型比较简单，但对于广岛湾环境保护具有启发意义。目前，日本本州岛南部广岛一带区域，经济产业局以这些数值模型为基础，正在计划构建基于高级水动力模型和嵌入高精度统计数据、底栖生态系统数据的数值模型，对各种生态修复计划进行精细化预测。另一方面，以该区域治理局为核心，设立了由相关市、町、村参加的广岛湾修复推进组织，并制定了"广岛湾修复行动计划"（2007年3月）。由于认识到仅凭削减负荷并不能改善广岛湾的水质环境，在这个行动计划中提出了采取海洋环境保护对策的必要性，并决定研究更经济有效的对策措施。

　　该海域的主要环境问题是底泥营养盐溶出量非常大[14]，局部地区必须采取覆沙和疏浚等对策。另外，还必须对因填海造陆等原因造成面积缩小甚至消失的藻场和潮间带进行修复。特别是广岛湾北部浅海海域的藻场和潮间带消失非常明显（图4.10）。近年来加速推进藻场和潮间带的相关研究。例如，对于潮间带的研究，目前已经查明了对生物栖息最合适的粒度组成和有机物含量[15,16]。关于藻场的定量研究不多，但是已经确认，藻场是鱼类的产卵场，也是仔稚鱼的保育场。

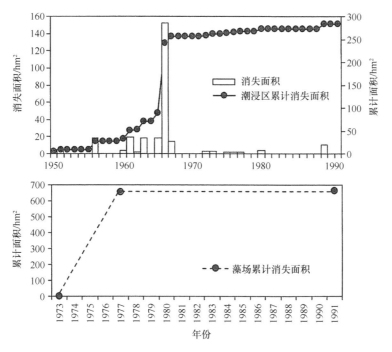

图 4.10　广岛湾潮间带、藻场消失面积（上图）及其累计面积①（下图）的变化[17-20]

除牡蛎之外，还有其他大量的生物附着在牡蛎筏上。附着在筏上的微细藻类和大型藻类吸收营养盐，附着性动物与牡蛎一样过滤悬浮态有机物，可以说牡蛎筏是一种人工浮动藻场——海藻浮床。松田和山本[21]认为，平均单位面积牡蛎筏上附着的藻类量与天然藻场几乎相同，将这一数值与牡蛎养殖筏的总面积相乘，可以推测牡蛎筏构成的人工海藻浮床总藻类量，且比广岛湾的天然藻场大。在藻场几乎完全消失的北部海域，牡蛎筏发挥着藻场的功能，这对广岛湾生态系统的保护来说具有重要意义。

综上所述，对于广岛湾生态系统的修复来说，用一种技术是无法实现的。广岛湾修复目标因人而异，所以必须采取措施让多个主体参加，形成一致意见。利用生态系统精细化数值模型预测环境变化，是研究和确定生态修复措施的科学依据，并以此来制定修复计划，是非常必要的。从广岛湾牡蛎养殖的规模大小来看，生态系统模型必须嵌入牡蛎养殖模型。另外，在保护生态系统的同时，如何确保牡蛎持续性生产，也是需要思考的重要问题。

---

① 　1 hm² = 0.01 km²。——译者注

参 考 文 献

1) 橋本俊也・松田　治・山本民次・米井好美：広島湾の海況特性－1989～1993年の変動と平均像－, 広大生物生産学部紀要, 33, 9-19 (1994).
2) 山本民次・石田愛美・清木　徹：太田川河川水中のリンおよび窒素濃度の長期変動－植物プランクトン種の変化を引き起こす主要因として, 水産海洋研究, 66, 102-109 (2002).
3) T. Yamamoto: Proposal of mesotrophication through nutrient discharge control for sustainable fisheries, *Fish. Sci.*, 68, 538-541 (2002).
4) 山本民次・橋本俊也：陸域からの物質流入負荷増大による沿岸海域の環境収容力の制御, 養殖海域の環境収容力（古谷　研, 岸　道郎, 黒倉　寿, 柳　哲雄編）, 恒星社厚生閣, 2006, pp.101-118.
5) 山本民次・芳川　忍・橋本俊也・高杉由夫・松田　治：広島湾北部海域におけるエスチュアリー循環過程, 沿岸海洋研究, 37, 111-118 (2000).
6) T.Yamamoto, A. Kubo, T. Hashimoto, and Y. Nishii : Long-term changes in net ecosystem metabolism and net denitrification in the Ohta River estuary of northern Hiroshima-Bay–An analysys based on the phosphorus and nitrogen budget, "Progress in Aquatic Ecosystem Reserch" (ed. A. R. Burk), Nova Science Publishers, Inc., 2005, pp. 123-143.
7) M. Kawamiya, M.J. Kishi, Y. Yamanaka, and N. Suginohara : An ecological - physical coupled model applied to Station Papa, *J. Oceanogr.*, 51, 635-664 (1995).
8) 橋本俊也・上田亜希子・山本民次：河口循環流が夏季の広島湾北部海域の生物生産に与える影響, 水産海洋研究, 70, 23-30 (2006).
9) P. Songsangjinda, O. Matsuda, T. Yamamoto, N. Rajendran, and H. Maeda : The role of suspended oyster culture on nitrogen cycle in Hiroshima Bay, *J. Oceanogr.*, 56, 223-231 (2000).
10) 山本民次・北村智顕・松田　治：瀬戸内海に対する河川流入による淡水, 全窒素および全リンの負荷, 広大生物生産学部紀要, 35, 81-104 (1996).
11) 中西　弘：瀬戸内海の水質汚濁, 山口産業医学年報, 22, 16-33 (1977).
12) 湯浅一郎：内湾の富栄養化に対する降雨の影響, 中工研研報, 12, 147-150 (1994).
13) 日本水産資源保護協会：水産用水基準（2005年版）, 2006, 95 pp.
14) 山本民次・松田　治・橋本俊也・妹背秀和・北村智顕：瀬戸内海底泥からの溶存無機態窒素およびリン溶出量の見積もり, 海の研究, 7, 151-158 (1998).
15) 西嶋　渉・中井智司・岡田光正・中野陽一：土壌の物理化学的性質に注目した干潟生態系の創出, 日水誌, 73, 341 (2007).
16) 国分秀樹・高山百合子・湯浅城之・石樋由香：英虞湾における干潟再生事例：浚渫土を用いた人工干潟の特徴と物質循環機能, 日水誌, 73, 341 (2007).
17) 広島県：第2回自然環境保全基礎調査, 干潟・藻場・サンゴ礁分布調査報告書, 1978.
18) 山口県：第2回自然環境保全基礎調査, 干潟・藻場・サンゴ礁分布調査報告書, 1978.
19) 環境庁自然保護局：第4回自然環境保全基礎調査, 海域生物環境調査報告書（干潟, 藻場, サンゴ礁調査）第1巻干潟, 1994.
20) 環境省：第4回自然環境保全基礎調査, 海域生物環境調査報告書（干潟, 藻場, サンゴ礁調査）第2巻藻場, 1994.
21) 松田　治・山本民次：バイオフィルターならびにバイオハビタート機能を評価したカキ養殖の新たな考え方, 第4回エメックス／第4回メッドコーストジョイント会議報告書（国際エメックスセンター編）, 2000, pp.108-109.

第三部分　其他海湾

第5章 有明海、八代海生态修复
——熊本县的措施

泷川清*　齐藤信一郎**　园田吉弘***

5.1 背景和目的

近年来有明海、八代海海域环境不断恶化，主要是由于填海造陆和海岸线人工化使细粒泥沙沉积在潮间带，底质产生泥化，导致潮间带区域水质净化能力和作为生物栖息地、繁育场的功能降低。由于各种要素掺杂其中，有明海、八代海环境变化及其变化机理非常复杂。为了科学地调查该海域的基本特征并研究修复措施，必须建立长期的修复策略研究机制。2006年12月，环境省"有明海、八代海综合调查评估委员会"总结归纳了各种调查研究结果[1)]，但对具体修复策略的研究并不充分，需要深入研究的课题还有很多。

在这一背景下，熊本县以制定沿岸海域的修复策略为目的，于2004年8月设立了由专家、普通居民和渔业代表者组成的"有明海、八代海潮间带沿岸海域修复研讨委员会（委员长：泷川清）"，进行了两年的研讨，同时还收集各种已有调查数据，并举办了委员会委员和当地居民的意见交流会等。经过一系列工作，提出了修复措施实施试点方案，同时以县为单位对有明海、八代海试点实施综合修复措施，以达到科学制定海域生态修复策略和基本方针的目的。

本章主要介绍熊本县的调查研讨方法和修复策略[2)]制定过程等情况，同时从这些措施中总结经验和筛选课题，为今后修复策略的发展提供借鉴。

5.2 采取措施解决问题的情况

5.2.1 熊本县在有明海、八代海区域的定位

在有明海、八代海沿岸区域，从海湾湾顶处按顺时针方向分布有佐贺、福冈、熊本、鹿儿岛和长崎5个县。其中只有熊本县辖有明海、八代海两处海域，见图5.1。而

---

* 熊本大学沿岸区域环境科学教育研究中心教授。
** 熊本县环境政策科。
*** 熊本大学沿岸区域环境科学教育研究中心特别事业研究员。

且，从海岸线长度来看，在有明海，从湾顶附近的荒尾市到湾口天草下岛北端早崎濑户的海域属于熊本县，该海域面积约占有明海总海域的一半；在八代海，自水俣市以南，除长岛及狮子岛的鹿儿岛县所属海域之外，几乎全部海域都属于熊本县。由于具有如此大范围的沿岸区域，熊本县海岸线人工化和填海造陆的比例也非常高。而且从日本全国来看，熊本县保留的从泥质到砂质的各种海岸类型也非常多，以天草的岛屿为中心，存在有岩礁区域、沙泥性海草床的大叶藻海草床、岩礁性藻场的马尾藻生长带等多种多样的海域环境和生物栖息区域。另外，在海岸向陆一侧，还存在城市、围海造田、农地、丘陵等各种各样的地形。具有多种多样的土地利用类型是熊本县沿岸区域的特点。

图 5.1 有明海、八代海的地形和熊本县海域的现状

5.2.2 有明海、八代海潮间带等沿岸海域修复研讨委员会研讨流程

有明海、八代海潮间带等沿岸海域修复研讨委员会的研讨流程如图 5.2 所示。根据各种调查结果和委员会的研究讨论，首先掌握并整理熊本县海域特征，对有明海及八代海进行分区。然后在研究具体修复策略的基础上选定个案研究区域，推进有明海全域和八代海全域（基本计划）及各地区的研讨，汇编了"有明海、八代海潮间带等沿岸海

域修复方法（建议）"，提出实现潮间带等沿岸海域修复的基本理念、基本方针和修复策略等。

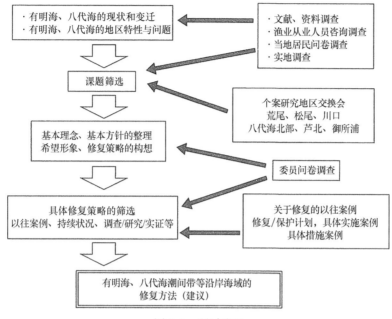

图 5.2　研讨流程

5.2.3　研讨过程中的调查概况

在研讨修复策略的过程中，开展了各种调查，具体如下。
（1）资料收集整理
针对收集的各类项目的社会环境和自然环境等资料进行整理，梳理海域现状及变迁（基本上都是在 1950 年之后）。
（2）咨询与调研
对于现有资料无法充分反映海域实际情况的，以熊本县沿岸海域的渔业从业者为对象，开展了走访调研和咨询工作。
（3）问卷调查
为收集更广泛的意见，以内陆水域渔业从业者、沿岸地区居民以及部分沿岸海域渔业从业者等为对象，进行了问卷调查。
（4）实地调查
开展海岸线调查，记录和整理涨潮和落潮时海岸线、护岸及海岸带向陆侧的状况。另外，以一级河流的河口部分为核心，对表征生态系统丰富程度指标的盐生植物分布状况进行了调查。
（5）关于潮间带等沿岸海域修复策略的案例和文献的收集整理
收集并整理日本各地实施的关于潮间带等沿岸海域的修复案例和与生态修复相关的研究文献等。

(6）个案研究地区的意见交流会

研讨具体的修复策略时，选定具有代表性的 6 个地区，由当地居民和委员直接交换意见。

5.3 熊本县沿岸海域特征

根据已有资料和实地调查结果，梳理熊本县沿岸海域特征。基本上可将熊本县沿岸海域划分为有明海北部、有明海南部、天草有明、八代海北部、八代海南部、天草八代地区共 6 个区域，并对以上 6 个区域的各种调查结果进行总结。由于资料量非常庞大，所以仅介绍具有代表性的几方面调查结果。

5.3.1 有明海潮间带现状和变迁

（1）捕捞量变化

根据农林统计资料，在熊本县有明海的渔业生产中，鱼类及贝类捕捞量的变化如图 5.3 和图 5.4 所示。从鱼类的捕捞量来看，1970 年之后，有明海地区（北部、南部）处于常年上升趋势。1987 年达到顶峰后开始大规模减少。在天草有明地区，1990 年之后鱼类捕捞量出现了略有减少的趋势，但是没有像有明海海域那样出现大规模减少趋势（图 5.3）。另外，在贝类的捕捞量方面，有明海区域（北部、南部），1977 年达到顶峰，随后蛤仔大幅度减少，1995 年之后捕捞量呈现持续减少状态（图 5.4）。

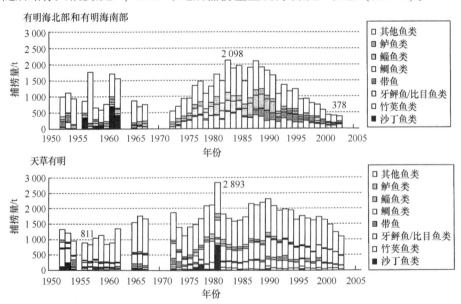

图 5.3　熊本县有明海鱼类捕捞量的变化

（2）咨询和问卷调查结果

各地的咨询调查结果概要如图 5.5，分别指出了各地存在的问题。如在有明海北部

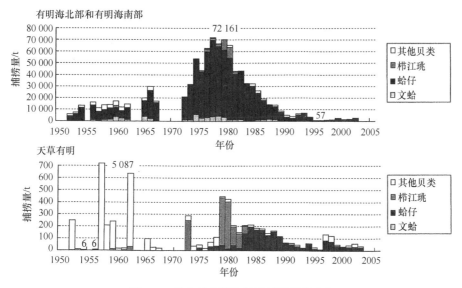

图 5.4　熊本县有明海贝类捕捞量的变化

的荒尾周边地区，养殖紫菜褪色和底质泥化等问题比较严重；在有明海南部的白川河口至绿川河口的熊本市海岸区域，存在底质泥化和对虾渔场衰退等问题；在天草有明地区，藻场也已退化。从对整个有明海地区的居民和渔业从业者的调查中得知，潮间带生态环境出现了恶化现象。

（3）海岸带盐生植物调查结果

在有明海北部地区，靠近荒尾市区域，即使在涨潮时沙滩宽度也比较大。而靠近横岛町区域，涨潮时海水几乎涨到了人工护岸位置。在靠近荒尾市区域几乎看不到盐生植物，而在靠近横岛町区域，在菊池川河口中心存在芦苇和稀有物种。

在有明海南部，靠近北部的河内、松尾周边地区，向陆一侧有很多山林，存在部分自然海岸。在白川河口至绿川河口之间的熊本市海岸区域，向陆一侧分布有农田，涨潮时潮水几乎涨到人工护岸位置。在盐生植物方面，白川河口区域和绿川河口区域芦苇地分布面积很大，并存在稀有物种，但在熊本新港周边区域几乎看不到这些物种。可见，有明海海岸带存在明显的地区差异。

5.3.2　八代海潮间带现状和变迁

（1）捕捞量变化

根据农林统计资料，在熊本县八代海的渔业生产中，鱼类的捕捞量及养殖生产量的变化如图 5.6 及图 5.7 所示。在鱼类捕捞量方面，八代海北部和南部海域，1989 年之后常年处于减少状态；天草八代海域，每年变动幅度很大，从 1993 年之后出现了减少趋势（图 5.6）。另外，鱼类养殖的总生产量在 1995 年达到顶峰，近年来一直呈现减少趋势，主要可能是受到涡鞭毛藻赤潮灾害等的影响。特别是在养殖区，以多环旋沟藻、涡鞭毛藻为代表的有害藻类引发的赤潮灾害已经成了非常严重的问题（图 5.7）。

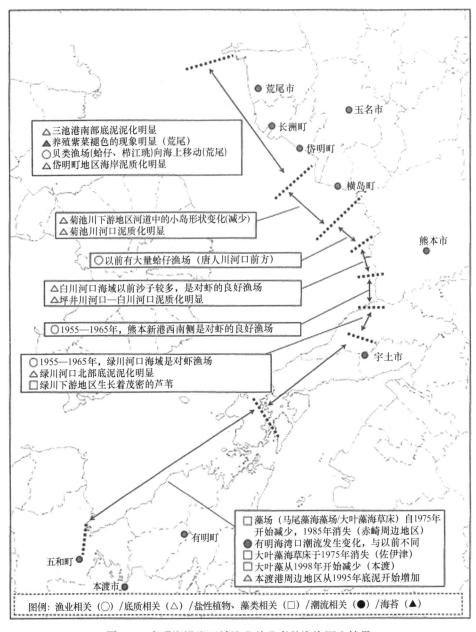

图 5.5 有明海沿岸区域渔业从业者的咨询调查结果

(2) 咨询和问卷调查结果

各地咨询调查结果如图 5.8 所示。在八代海北部海域，底质泥化、大叶藻海草床减少以及蛤仔减少等已经成为严重的问题。在八代海南部海域和天草八代海域，包括大叶藻海草床的减少也是一个很严重的问题。从对整个八代海地区的居民和渔业从业者进行的咨询调查中得知，海域和潮间带环境日趋恶化。

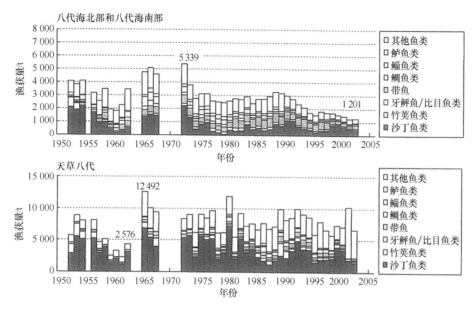

图5.6 熊本县八代海鱼类渔获量的变化

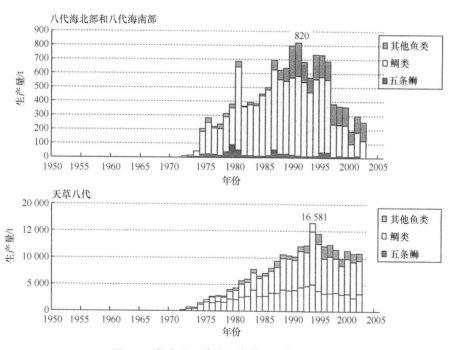

图5.7 熊本县八代海鱼类养殖生产量的变化

(3) 海岸带盐生植物调查结果

在八代海北部海岸,涨潮时海水可到达人工护岸位置,退潮时泥质潮间带面积很大,这样的区域很多。八代海北部海域向陆一侧的宇土半岛南岸地区主要为道路和山地。另外,从海湾顶部宇土市松桥至八代市旧镜町的对岸,农地比较多,这也是这一区

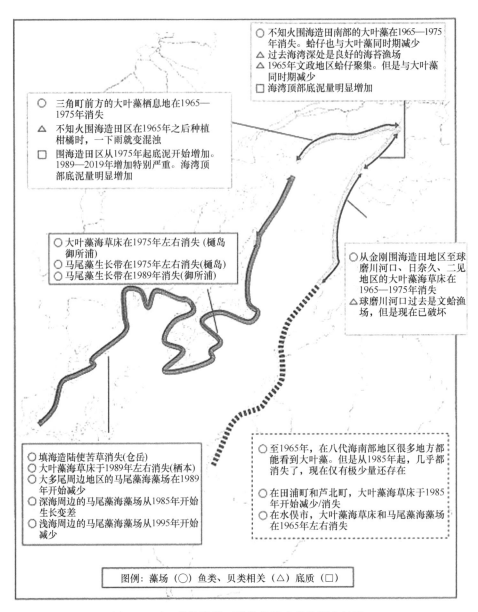

图 5.8 对八代海沿岸区域渔业从业者的调查结果

域的特点。盐生植物方面,在宇土半岛南部局部沿岸分布有补血草、糙叶苔草等稀有植物。在八代海北部的八代市海岸,退潮时除泥质潮间带外,还能看到砂质潮间带,展现出稍微不同的景象。这一地区向陆一侧区域呈现出多种多样的土地利用类型,包括城市用地、工业用地、农地等。另外,在八代海球磨川河口周边地区,盐生植物分布最多,其中还包括有一些稀有物种,这也是该地区的特点。

八代海南部海岸,涨潮时高潮线达到人工护岸,但是与北部地区不同,退潮时很多地区都能看到砂质潮间带,向陆一侧有较多山地和道路。盐生植物方面,与八代海北部相比则显得较少。

5.4 举办交流会和筛选课题

5.4.1 个案研究地区的设定和交流会的实施

根据已有资料和实地调查获取的资料,总结海域特征并整理成一览表,依据海岸区域特征,对有明海、八代海地区进行分区。对于个案研究地区来说,以前文所述的已有资料整理结果和对委员的问卷调查结果为基础,考虑各地区问题的关键点以及来自当地的意见和需求,2005 年 8—11 月,多次召开交流会,对有明海、八代海区域进行筛选,最后选定 6 个典型代表性区域(表 5.1)。

表 5.1 选定的个案研究地区

个案研究地区		概要
有明海	荒尾地区	有明海熊本县北部区域的代表地区
	松尾地区	熊本周边区域的代表地区(主要是白川/坪井川河口地区)
	川口地区	熊本周边区域的代表地区(主要是绿川河口地区)
八代海	八代海北部沿岸地区	八代熊本县北部区域(宇土半岛南岸-球磨川地区)
	芦北地区	八代熊本县南部区域
	御所浦地区	天草八代区域的代表地区

5.4.2 问题的筛选和整理

为了从交流会和咨询调查结果中整理出各地区的问题,2005 年 12 月至 2006 年 12 月,对各委员进行了问卷调查,筛选并整理出下列具有代表性的问题。
(1)有明海、八代海共同的问题
①海水温度上升;
②外海潮汐振幅减小;
③厄尔尼诺、拉尼娜、印度洋偶极子现象、气候周期变动;
④全球变暖;
⑤沿岸海域开发所导致的滨海湿地和自然海岸线消失;
⑥渔港等沿岸工程填海造陆和防波堤建设;
⑦强化削减负荷对策;
⑧底质泥化、泥沙沉积、潮间带等地形的平坦化;
⑨疏浚泥的再利用技术研究欠缺;
⑩来自河流的泥沙供给减少;
⑪泥沙收支管理;
⑫底质恶化导致虾、贝类减少,栖息场所减少;

⑬考虑生态系统和周边环境的渔业管理，渔业从业者意识提升；
⑭对环境恶化的共同认识和为实现修复而建立合作体制；
⑮海陆综合管理；
⑯实施包括普通居民、渔民、小学生、中学生、高中生、媒体等在内的环境教育和启发活动；
⑰陆地流入的垃圾对渔业造成影响；
⑱提高居民对于生活污水和生活垃圾的处理意识。

（2）有明海特有的问题
①有明海海洋生态系统生产力和紫菜养殖业保持平衡的必要性；
②物质收支管理；
③充分研讨硅藻赤潮和紫菜营养摄取的竞争关系。

（3）八代海特有的问题
①涡鞭毛藻、绿色鞭毛藻赤潮的发生时期（周年化/长期化）和物种组成的变化；
②涡鞭毛藻、绿色鞭毛藻赤潮的原因调查和对策；
③大叶藻海草床、马尾藻等藻场消失及因其减少导致鱼类、贝类栖息地减少。

5.5 修复方式和总体规划（建议）

关于修复方式和总体规划（建议），在熊本县的网站上进行了详细介绍（http://www.pref.kumamoto.jp/eco/saisei_plan/saiseikentou_1.htm）。

该规划是在对各种资料、数据分析和讨论的基础上，制定的基本理念和基本方针，并作为共同目标公布。

【基本理念】在潮间带等沿岸海域，要牢记历史变迁、自然社会条件、现状问题等区域特性，并根据有明海、八代海各自海域整体协调的"希望的形象"，县（市、町、村）、渔业从业者、当地居民、日本政府及周边各县共同合作，给后代一个修复好的"富饶之海"。

【基本方针】针对上述基本理念，潮间带等沿岸海域保护修复的基本方针如下：①恢复和维持包括渔业生物在内的多样的、丰富的生态系统；②充分考虑"山""河""海"的连贯性和"保护""利用""防灾"的协调性；③促进保护修复利益相关者之间的沟通、协调和积极参与。

以下是在总结建议的过程中，讨论形成的几种观点。

5.5.1 基本理念和基本方针中的观点

通过改善海域水质净化功能，及对作为生物栖息地、重要繁育场的潮间带的保护修复，实现有明海、八代海"富饶之海"的修复目标，必须有恢复和维持包括渔业生物在内的生物多样性的生态系统理念。

另外，还必须考虑到：陆地上的森林和平原地区的降雨会随着河流、地下水等流入海洋，使水流状况和盐度发生变化，供给氮和磷等营养盐的同时，还供给维持砂质潮间带不可或缺的泥沙。这样一来，森林的破坏和河流环境的恶化将给海域环境造成严重影响。特别是像有明海、八代海这样封闭度较高的海域，健康的物质循环是非常重要的。因此在实施修复措施时，必须充分了解"山""河""海"的关联性。而且实施修复措施时必须确保各种要素的协调，如沿岸环境所具有的三方面重要作用：为生物栖息、繁育及良好的海岸景观等提供自然"保护"作用；为人类渔业、海运、休闲、观光等提供"服务"作用；对于台风、大潮、洪水等灾害的"防灾"作用等。而且，对于具体的修复措施来说，各个主体必须共同采取行动和承担费用，在相互"理解"的基础上"达成共识"，这也是非常重要的。为此当地居民应该关心海洋，在"海洋是大家的财产，大家都要保护它"的共识下，县（市、町、村）的渔业从业者和当地居民各自发挥作用，积极参与各项修复工作。另外这两个海域横跨数县，所以必须加强熊本县与日本中央政府和相关各县的联系。在以上条件的基础上，制定了针对潮间带等沿岸海域保护、修复的基本理念和基本方针。

5.5.2　有明海、八代海整体目标蓝图和修复策略

有明海、八代海沿岸各地区是密切关联的，因此，必须从宏观视角来组织实施各研究项目，研究编制修复策略。

根据此次调查结果、基本理念和基本方针，以实现"富饶之海"为终极目标，以恢复多样的、丰富的生态系统为基础，设定了关于人与海洋关系的目标。根据每个项目的具体情况设定修复对策，并在此基础上应用于具体的案例。

5.5.3　修复策略实施推进方法

有明海、八代海潮间带等沿岸修复研讨委员会推进修复策略时，首先必须与包括渔业从业者在内的当地居民、相关团体、县（市、町、村）、研究机构等利益相关者进行协商。在充分理解有明海、八代海是国民共同财产的基础上，根据区域特点由各利益相关者承担起相应的作用和责任，并积极参与。同时，在实施修复策略时，必须在参与者互相协商的基础上设定和共享目标（希望的目标）。根据设定的目标蓝图，在实施修复策略的各个阶段，当地居民和利益相关者能够关心、参加、合作，以此加深对海域特征的了解，期待实现更好的修复效果。另外，还讨论了修复策略中应该注意的问题，概要如下。

①各地区不同主体实施的修复策略必须考虑整个海域平衡性。这将有助于提高整体修复质量。

②将对症疗法、长期措施、区域合作、调查研究、公众环保意识、环境教育等政策措施正确组合，制定适合海域特点的有针对性的最佳修复策略。

③在追求科学合理的同时，不违背政策和不背离社会合理性。如果发现背离了社会合理性，可以通过公众参与和形成社会共识来回避或克服。

④建立由公众及相关人员组成的第三方修复策略评估体系，定期评估修复措施的进行情况等。

⑤实施修复策略时，推进培养当地核心领导人。
⑥为了确保修复策略的贯彻和实施，根据需要修改和完善相关法律、条例和制度。

5.6 主要结论和课题

5.6.1 主要结论

以上介绍了熊本县所采取的生态修复措施。熊本县拥有大面积的沿岸地区，海域特征多种多样，在有明海、八代海这一范围的海域中共同面对的问题也有很多。为了有效开展修复工作，将沿岸区域分区分类，选定具有代表性的区域筛选出生态问题，研究修复策略。该流程在实践中被证明是非常有效的。

此次调查中采取了一些新方法，包括根据海岸区域特征对沿岸区域进行分区分类、用咨询调查来补充科学数据不足的问题等。关于海岸区域特征划分方面，虽然保留有潮间带，但是随着沿海区域的持续开发使海岸线出现人工化趋势，导致"自然岸线"消失，沿岸地区的生物栖息地减少，水体净化功能下降。海岸类型划分方法就是着眼于这一现状，致力于"恢复自然岸线"。具体来说，就是在人工建造的直立堤等护岸前方建设坡度较缓的"自然岸线"，恢复地形的连续性，以此来实现生态系统的连续性。针对"高潮带恢复"方法，文部科学省设立重要解决型课题——"有明海生物栖息环境的全面修复和实证试验——自然岸线修复技术"开展研究[3]，并在当地进行实证试验，今后结合雨水等陆地水渗出状况的调查，可能会取得新进展。

通过咨询调查，已经查明没有历史数据藻场的分布消长状况。特别是八代海北部的大叶藻海草床在20世纪60年代曾经广泛分布于以球磨川河口区域为中心的海域，但是，环境厅于1978年左右进行的首次全国调查显示[4]，大叶藻海草床已经处于衰退或消失状态，此事已经过多个地区渔业从业者确认。关于熊本县大叶藻海草床消失的原因，目前仍然没有调查清楚。据平冢等[5]的调查，第二次世界大战后在日本各地都出现了沉水植物群落急剧衰退的现象。包括熊本县在内的调查中，很多人指出，导致衰退的主要因素是陆地上水库和堤坝的建设、河流改道和采砂、地下水开采等开发行为，填海造陆、河口堤坝建设、海岸整修工程、海砂开采等开发活动，以及鱼类养殖、紫菜养殖负荷等。今后在制定修复策略时，咨询调查将是一种强有力的方法。

5.6.2 问题点和课题

此次制定的总体规划是宏观性的，今后每个地区的详细规划必须按照地区特点，深入查找问题并研究确定。另外，各利益相关者如何达成一致意见，并将制定的计划与具体实际联系起来，也是要解决的课题。今后继续公布监测数据，开展当地居民公众参与活动，如清理活动等，提升居民环保意识，同时开展深化研究讨论等。应在当地居民等利益相关者了解和达成共识的基础上形成修复基本理念、基本方针和设定修复目标等。必须灵活利用委员会报告，同时努力让居民积极参与。

检验咨询调查的准确性也是一个重要课题。调查的回答证词中包括记忆偏差和主观要素，从生活在不同地区的多位居民处获得相同的证词时，准确度会比较高。但是，当证词较少时，重要的信息会被隐藏，检查准确性将非常困难。另外，即使能够掌握实际产生的现象，要查明现象形成机制也是非常困难的。因为从当地居民处听取的意见，可能有在不同空间和时间讨论的内容，也可能存在听取意见的一方理解不足或错误理解的情况。而且在检验时，必须考虑当地居民关心程度和掌握情况的差异。

5.6.3 今后如何开展应用

收到上述建议后，熊本县决定研讨调整今后的修复措施，同时致力于个案研究地区的随访等具体措施。对于熊本县过去环境变迁相关的咨询调查成果，被纳入文部科学省重要课题"有明海生物栖息环境的全面修复和实证试验——生物栖息环境的历史变化特征"的研究[6]中，与福冈、佐贺、长崎三县的咨询调查结果一起进行了汇总。另外，在NPO有明海修复机构针对佐贺县渔业从业者进行的意见调查[7]中，采用与熊本县同样的调查方法。通过这些研究调查的反复积累，期待今后能够查清包括过去状况在内的有明海的环境变化。

答谢

在总结熊本县修复措施时，向参加咨询调查和意见交流会并为咨询调查和意见交流会提供合作的熊本县的各位渔业从业者和当地居民，以及在两年时间里认真参加委员会的各位委员和其他相关人士表示衷心感谢。特别是尽力安排各种调查和会议等活动的相关组织、县（市、町、村）的负责事务处理的各位人士，如果没有各位的协助，修复措施的总结将是无法完成的，在此一并表示感谢。

参 考 文 献

1) 環境省：委員会報告，環境省有明・八代海総合評価委員会，2006，85pp.
2) 熊本県：委員会報告書～有明海・八代海干潟等沿岸海域の再生に向けて～，有明海・八代海干潟等沿岸海域再生検討委員会，2006，353pp.
3) 滝川 清・増田龍哉：なぎさ線の回復技術，文部科学省重要課題解決型研究 有明海生物生息環境の俯瞰型再生と実証試験パンフレット，同事務局，2006，27pp.
4) 熊本県：環境庁委託第2回自然環境保全基礎調査干潟・藻場・サンゴ礁分布調査報告書，1978，538pp.
5) 平塚純一・山室真澄・石飛 裕：里湖モク採り物語50年前の水面下の世界，生物研究社，2006，144pp.
6) 滝川 清・園田吉弘：生物生息環境の歴史的変動特性，文部科学省重要課題解決型研究 有明海生物生息環境の俯瞰型再生と実証試験パンフレット，同事務局，2006，9pp.
7) NPO法人有明海再生機構：18年度再生機構の活動状況，ABRO，第3号，2007，4pp.

第6章 有明海泥质潮间带浮游类—底栖类综合生态系统模型的运用

中野拓治[*] 安冈澄人[**] 烟恭子[***] 中田喜三郎[****]

近年来，人们已经意识到生态系统模型是了解潮间带生态系统功能、定量评估物质循环的有效方法[1]。在日本，生态系统模型构建和运用的实例也不断增加。但是，这些案例主要以砂质潮间带为对象[2-7]，而以泥质潮间带为对象的生态系统模型的运用案例几乎没有。有明海大部分为泥质潮间带和浅海海域，与砂质潮间带生态系统不同，这种泥质潮间带和浅海海域生态系统具有独特的物理化学特性。所以如果原封不动地照搬以砂质潮间带为对象构建的生态系统模型，是很难重现其物质循环过程的。

本章将以有明海海域为对象，以实地调查和室内试验获得的数据为基础，构建基于泥质潮间带和浅海海域物质循环特性的浮游类—底栖类综合生态系统模型，对有明海的泥质潮间带和浅海海域的氮、磷循环进行定量化分析，同时对水质净化功能进行预测。本章将以九州农政局[8]和安乐等[9]的调查研究成果为基础，以氮循环相关的定量化措施为核心进行介绍。

6.1 研究区域

有明海面积约为 1 700 km²，平均水深约为 20 m，是封闭性较高的浅海海域。众所周知，有明海潮差非常大，在湾顶区域，大潮时潮差可以达到 5~6 m。另外，海湾内分布有面积在日本排名第二的潮间带（约 200 km²）。

有研究指出，近年来有明海海域环境发生了变化，调查其变化原因和采取修复措施成为当务之急。其中重要的一环，是对有明海潮间带的生态系统功能、物质循环和水质净化功能深入研究，尽可能定量评估潮间带的作用，以制定有效的修复对策。

以有明海湾顶西侧的泥质潮间带和浅海海域为对象构建了生态系统模型 [图 6.1(a)]。研究区域包括盐田川及鹿岛川的河口潮间带及其周边的浅海海域 [图 6.1(b)]。该海域开发活动主要为紫菜养殖和采贝，河口区域分布着大面积的牡蛎礁。同时从晚秋到早春，在河口区域和 50% 的浅海海域（约 21 km²）进行紫菜养殖。

---

[*] 农林水产省东北农政局。
[**] 农林水产省生产局。
[***] IDEA 株式会社。
[****] 东海大学海洋学部。

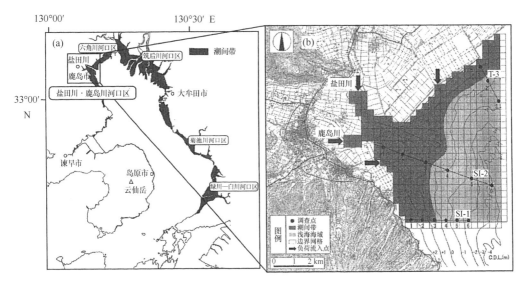

图 6.1 研究区域

6.2 模型概况

该生态系统模型为水（浮游类）生态系统和底泥（底栖类）生态系统相互结合的数值模型，将构成生态系统的各种各样的生物和非生物按照功能等进行归纳分类，主要根据食物链等把其相互作用进行了数字化。在此基础上以生源要素碳、氮和磷为指标，计算出生物等的现存量和物质循环量（图 6.2）。

根据已有的以砂质潮间带为对象的生态系统模型[10]，考虑下列特点实现泥质潮间带生态系统模型的建立。在构建模型时，利用 2001 年 4 月至 2002 年 3 月，图 6.1（b）中断面（SI-1、SI-2、T-3）获得的水质、浮游生物、底质、底栖生物等各季节数据（表 6.1）。此外，为了设定模型参数，还进行了实地调查、双壳类代谢速度试验及使用实地底泥样本的脱氮速度试验[11,12]。

表 6.1 断面调查概要

项目	试样采集方法	调查项目等
水质	在海面下 0.5 m 和海底以上 1.0 m 两层采集水样	盐度、pH 值、溶解氧（DO）、营养盐类、悬浮物（SS）、叶绿素 a、有机物等
浮游生物	在海面下 0.5 m 和海底以上 1.0 m 两层采集水样并混合 关于浮游动物，使用拖网法采集	浮游生物（出现物种、种类数量、个体数量、细胞数量等）

续表

项目	试样采集方法	调查项目等
底质等	用 ACRYL CORE 采集底泥（在表层 0~5 cm 和 20~30 cm 分别采集底泥）	底质（含水率、强热减量、叶绿素 a、硫化物、氧化还原电位、TOC 营养盐等） 间隙水（D-TN、NO_2-N、D-TP、DOP、DOC、DON、NO_3-N、NH_4-N、PO_4-P 等）
底栖生物	用 ACRYL CORE 采集底泥	大型底栖生物、小型底栖生物、附着藻等（出现物种、个体数量等）

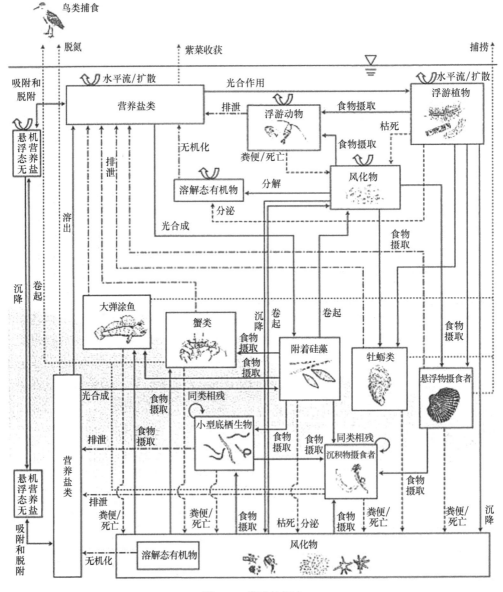

图 6.2 模型的概念

6.2.1 构成要素

根据底栖生物的现场调查结果，分为沉积物摄食者、日本大眼蟹和大弹涂鱼、杂色刺沙蚕等3个构成要素进行了模型化。另外，关于磷循环，水中悬浮物吸附无机态磷，并沉降至底泥中的过程非常重要，因此也考虑了悬浮态无机磷的问题。模型的基本公式如公式（6-1）所示，由水平、垂直方向的对流项、扩散项及除上述项目之外的生成、消灭项构成。

以生成、消灭项为例，在浮游类中以浮游植物为例，在底栖类中以悬浮物摄食生物为例。详细内容请参考安冈等[9)]的报告。

$$\frac{\partial}{\partial t}(h \cdot S) = -\underbrace{\left(u\frac{\partial}{\partial x}(h \cdot S) + v\frac{\partial}{\partial y}(h \cdot S) + w\frac{\partial}{\partial z}(h \cdot S)\right)}_{\text{移流项}}$$

$$+ \underbrace{\frac{\partial}{\partial x}\left(K_x \cdot h \cdot \frac{\partial S}{\partial x}\right) + \frac{\partial}{\partial y}\left(K_y \cdot h \cdot \frac{\partial S}{\partial y}\right)}_{\text{扩散项}}$$

$$+ \frac{\partial}{\partial z}\left(K_z \cdot h \cdot \frac{\partial S}{\partial z}\right) + \underbrace{\left(\frac{\partial}{\partial t}(h \cdot S)\right)}_{\text{生成、消灭项}} \quad (6-1)$$

式中，S 为各构成要素的物质浓度（g/m^3）；h 为层厚（m）；x、y、z：x、y 表示右手坐标系的直角坐标轴，z 表示垂直向上为正；u、v、w 表示 x、y、z 方向的流速（m/s）；K_x、K_y、K_z 表示 x、y、z 方向的涡流扩散系数（m^2/s）；$\left[\frac{\partial}{\partial t}(h \cdot S)\right]$ 为生成、消灭项。

【浮游类】
浮游植物相关函数公式如公式（6-2）所示。

$$\frac{dPPHY}{dt} = 光合作用 - 呼吸 - 细胞外分泌 - 枯死$$

$$- 沉降 - 被捕食（浮游动物、悬浮物摄食者） \quad (6-2)$$

式中，$PPHY$ 为浮游植物；关于浮游植物的主要模型公式如表6.2所示。

【底栖类】
在研究区域内，牡蛎和毛蚶被视为具有代表性的悬浮物摄食者，但是两者在水过滤速度方面存在差异，所以分为"牡蛎类"和"毛蚶等其他悬浮物摄食者"两类来分析研究。对于牡蛎类以外的悬浮物摄食者，根据室内试验获得的数据进行标准化和设定参数。牡蛎之外的悬浮物摄食者计算公式为：

$$\frac{dBSF}{dt} = 食物摄取（浮游动物、悬浮态有机物） - 呼吸$$

$$- 排便 - 死亡 - 捕捞 - 被捕食（沉积物摄食者） \quad (6-3)$$

式中，BSF 为牡蛎类之外的悬浮物摄食者。

关于牡蛎类之外的悬浮物捕食者食物摄取的模型公式如表 6.3 所示。

表 6.2　浮游植物相关的主要模型公式

物质循环过程	主要的模型公式
光合作用	光合作用速度（PP_1）依赖于水温（T）、光量（I）、营养盐（N、P），模型公式为： $PP_1 = \mu_{\max pphy} \cdot f(T) \cdot f(I) \cdot f(N, P)$ 其中，$\mu_{\max pphy}$：最大光合作用速度 {18℃, 1.8 [/d]}； $f(T) = \exp(\theta_{pphy}(T-18)^2)$；$\theta_{pphy}$：温度系数 {−0.004 [−]}； $f(I) = \dfrac{I_L}{Iop\ t_{pphy}} \cdot \exp\left(1 - \dfrac{I_L}{Iop\ t_{pphy}}\right)$； $Iop\ t_{pphy}$：最佳光量 {923 [μE/(m²·s)]}，I_L：第 L 层的平均光量； 在这个公式中，第 L 层的光量根据 SS 和叶绿素 a（Chl a）浓度，假定上端（h_1）至下端（h_2）产生光量减少来进行设定： $I_{h_2} = I_{h_1} \cdot \exp[-k \cdot (h_2 - h_1)]$ K（消散系数/m）= 0.061 47·（SS）+0.009 30·（Chl a）+0.318 0 关于 $f(N, P)$（营养盐依存项），运用半饱和型函数
呼吸	呼吸速度（PP_3）依赖于水温（T），模型公式为： $PP_3 = RESPpphy \cdot \exp(Q10Rpphy) \cdot (T-20)$ 其中，$RESPpphy$：呼吸速度（20℃, 0.01 [/d]）； $Q10Rpphy$：温度系数 {−0.0693 [−]}
细胞外分泌	细胞外分泌速度（PP_2）相对于光合作用量后一定比例作为细胞外分泌进行设定； $PP_2 = EXCpphy \cdot PP_1$ 其中，$EXCpphy$：细胞外分泌系数 {−0.12 [−]}
枯死	枯死速度（PP_4）依赖于水温（T），进行模型化： $PP_4 = MORTpphy \cdot \exp(Q10Mpphy) \cdot (T-20)$ 其中，$MORTpphy$：枯死速度 {20℃, 0.012 5 [/d]}； $Q10Mpphy$：温度系数（−0.069 3 [−]）
沉降	沉降速度（PP_5）作为固定值（$SINKpphy$）来设定 {0.1 [m/d]}

注：[−] 表示无量纲。

6.2.2　底泥的卷起与再沉降

研究区域黏土和淤泥所占比例在表层 5 cm 处为 93.8~99.7%，平均含水率为 71.7%，加上受较大的潮差影响，底泥被反复卷起、再沉降。因此，在涨、落潮时，水中的 SS 浓度和透明度变化较大。底泥卷起与再沉降除了影响浮游植物的光合作用之外，还会对悬浮物产生吸附和凝聚作用，随着卷起、再沉降，被吸附物质进入底泥或再次悬浮进入水中。

在进行模拟时，应主要考虑因潮流的速度引发的底泥卷起、再沉降。另外，还要考虑因悬浮物削弱了水体透光率而降低初级生产力的影响，以及无机态磷的吸附、有机态氮和磷的凝聚、悬浮物的卷起与再沉降等方面的影响。

表 6.3 牡蛎类之外的悬浮物摄食者食物摄取相关的模型公式

物质循环过程	模型公式
食物摄取	根据室内试验结果，食物摄取速度（BS_1）依赖于食物浓度（$CONC$）、温度（T）等，模型公式为： $BS_1 = V_{bsf} \cdot f(T) \cdot f(CONC) \cdot f(BSF)$ 其中，V_{bsf}（标准水过滤速度）以个体尺寸和水过滤速度的关系和观测个体的平均尺寸为参考进行设定 {25℃，0.000 041 [m³/g·h（以 C 计）]}； 温度依存项 [$f(T)$] 根据毛蚶的温度和水过滤速度的关系，以 25℃ 为分界线，温度系数（$Q10G_{bsf}$）设置不同的值； $f(T) = \exp(Q10G_{bsf} \cdot (T-25))$ 其中，$Q10G_{bsf}$：温度系数 {$T<25℃$ 时，$Q10G_{bsf}$ 取 0.09；$T>25℃$ 时，$Q10G_{bsf}$ 取 -0.02 [-]}； 食物浓度依存项（$f(CONC)$）根据毛蚶的食物浓度和水过滤速度的关系为基础进行设定： $f(CONC) = \exp[Q10CONC_{bsf} \cdot (CONC-0.536)]$ 其中，$Q10CONC_{bsf}$：浓度系数 {$CONC<0.536$ mg/L 时，$Q10CONC_{bsf}$ 取 -1.1；$CONC>0.536$ mg/L 时，$Q10CONC_{bsf}$ 取 -0.3 [-]}； $f(BSF)$：悬浮物摄食者的密度依存项； $f(BSF) = \dfrac{BSF}{BSF+K_{bsf}}$，$K_{bsf}$：半饱和常数 {1~200 [g/m²]}

注：[-] 表示无量纲。

6.2.3 氧化层和还原层的形成

氧化层和还原层的形成对底质内各种反应速度和生物活性造成影响。根据现场调查结果，氧化层仅在底泥表面下很小的范围，在距离表面附近位置就形成了还原层，同时证实氧化还原电位的垂直分布随季节变化而变化。因此，也将间隙水中的溶解氧作为构成要素进行计算，以重现氧化层和还原层的形成及其厚度的季节性变化。另外，研究了间隙水中溶解氧浓度对硝化、脱氮、吸附和游离等的影响，并对有机物的生物分解也考虑了好氧分解和厌氧分解。

6.3 计算区域和计算条件

6.3.1 计算区域

计算区域如图 6.1（b）所示，划分为 300 m×300 m 的网格。各网格为了重现构成要素的垂直分布，将浮游类与底栖类都划分多个层次考虑。浮游类第 1 层厚度设为 3.5 m，比第 1 层深的各层按照每 1 m 为单位进行划分。底栖类从底泥表面至 30 cm 深度划分为 6 层，层厚分别为 0~1 cm、1~2 cm、2~3 cm、3~5 cm、5~10 cm 以及 10~30 cm。

6.3.2 计算时长

计算时长为 2002 年 4 月至 2003 年 3 月共 1 年时间。计算步长设定为 300 s。

6.3.3 计算条件

(1) 流场条件

利用在"有明海海域环境调查"[13]中构建的灵活运用嵌套的多层模型，以整个有明海区域为对象进行流场计算。具体的网格设定划分如图 6.1（b）所示，生态系统模型计算研究区域即盐田川、鹿岛川河口区域，300 m 每个网格，将有明海全域设置 900 m 每个网格，另外，在其外侧大面积区域设置了 2 700 m 每个网格，同时计算 3 个区域。根据海流计算结果，将各网格、各层计算的 30 min 内的流量、水温、盐度的平均值，作为流场条件。

(2) 边界与初始条件

边界条件设定，是计算区域的向海一侧网格边界［图 6.1（b）的白色网格边界］，线性插值拟合附近的公共水域、浅海断面调查结果以及现场调查结果，推算出每天的水质后，通过平均移动实现平滑化，设定出边界水质浓度。另外，将 2002 年 5 月的现场调查结果和 2002 年 4 月的公共水域以及浅海断面调查结果设定为初始值。

(3) 气象条件

日照条件，使用地面气象实况播报的全日照量的 1 小时累积值。

(4) 输入量条件

根据盐田川顺流最末端的水质基点的水位数据计算出流量，按照平水期、丰水期的 L-Q 公式计算出来自盐田川陆域的输入量。关于河流感潮段和河口段，利用网格与输入量原单位相乘的原单位法进行计算。另外，将鹿岛川流域及其流域之外的区域作为河流河口段处理，假设污染负荷都从鹿岛川河口以及附近的大型涵管流出［图 6.1（b）的箭头］。

对于因捕捞引起的输出到系统外的量，根据捕捞量、实际销售数量，以及区划渔业范围推测出研究区域的捕捞量，以捕捞期间日平均值作为输出量输入到计算网格中。另外，关于紫菜养殖时氮肥的投入，设定在紫菜养殖区的相关计算网格中。对于被鸟类捕食而输出到系统外的量，根据研究区域内鸟类出现数量和基础代谢量进行了设定。

6.4 模型重现性研究

图 6.3（a）~（f）表示调查断面 SI-2 各站位的浮游类的观测值和计算结果的比较。对于浮游植物来说，除 2003 年 1 月因赤潮发生出现高值外，计算结果与观测值非常近似［图 6.3（a）］。构建模型是以重现 1 年内的平均物质循环为目的的，所以不对属于短期活动的 1 月份赤潮的参数等进行调整。对于营养盐类，虽然无法完全重现其细微变化，但是大致重现了随离岸距离的变化以及全年的变化趋势［图 6.3（d）~（f）］。对于 SS，观测值采用的是 1 天中浓度比较低的涨潮时的数据，所以，在日平均

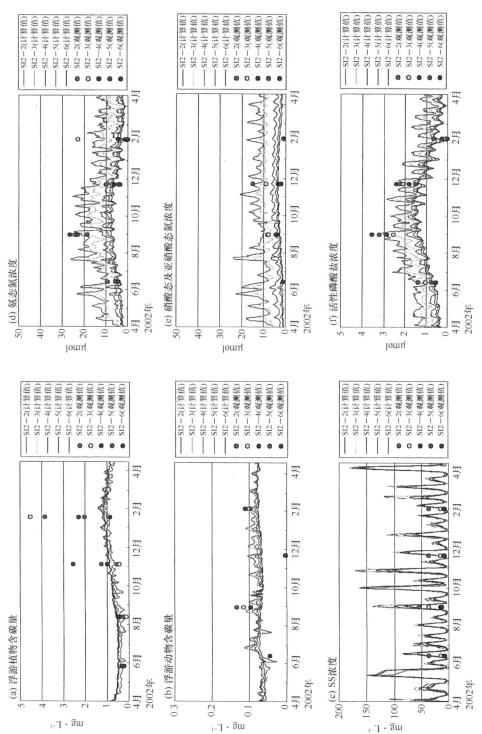

图6.3 有明海泥质潮间带的浮游类—底栖类生态系统模型输出的浮游类项目的计算值和观测值比较（测线SI-2）

值方面显示的计算结果超过了观测值，但是，基本还是重现了 SS 浓度随着潮汐变化而变化的情况［图 6.3（c）］。

图 6.4（a）~（h）表示断面 SI-1 的站位 2（作为潮间带的代表点）中底泥间隙水的水质以及底栖生物的观测值和计算值的比较。间隙水中溶解氧的计算结果存在季节性变化，与观测中表现的趋势是一致的［图 6.4（d）］。间隙水中硝酸氮（NO_3-N）和亚硝酸氮（NO_2-N）呈现出比较低的趋势，而氨氮（NH_4-N）呈现出比较高的趋势。此外，还重现了氨态氮及活性磷酸盐相关的垂直方向的浓度变化［图 6.4（a）~（c）］。底栖生物生物量的计算结果与观测结果大致处于同一水平［图 6.4（e）~（h）］。其中悬浮物食性生物在 2002 年 11 月的实测值与其他 3 个季节相比较高，与计算结果产生了背离。据了解，这是由于采样点局部存在泥蚶聚集所致。

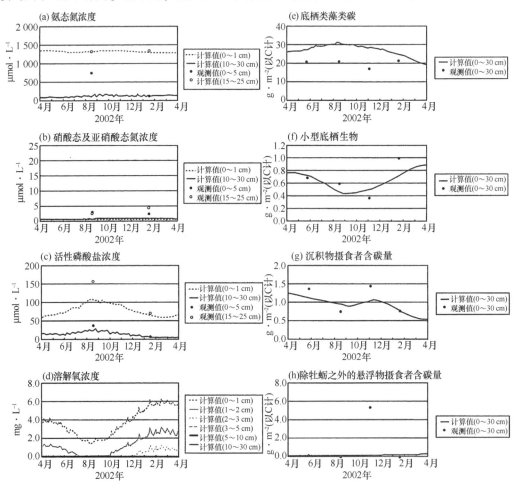

图 6.4　底栖类项目的观测值和计算结果的比较（断面 SI-1 的站位 2）

6.5　模型的运用

利用构建模型计算的结果，除与实测值大致吻合外，也反映了季节变化趋势，能够很好地重现泥质潮间带的特点，所以可以将模型运用于有明海泥质潮间带和浅海海域，通过氮循环的定量化来预测水质净化功能。

6.5.1 氮循环

潮间带和浅海海域的氮循环计算结果（年平均）如图 6.5 所示。现存量（图中框内的数值）用年平均值表示，物质循环量（图中箭头的数值）用日平均速度表示。

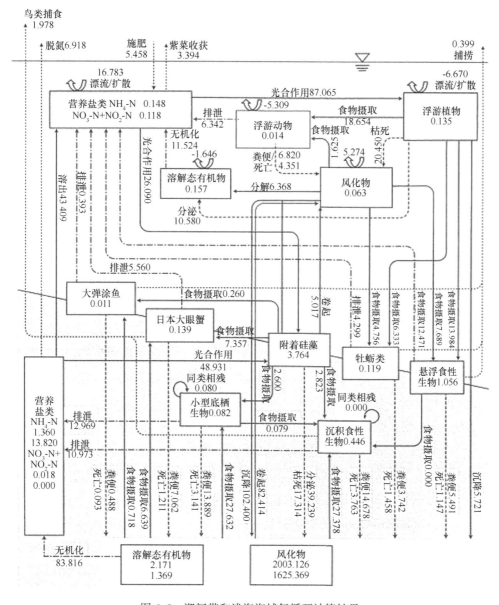

图 6.5 潮间带和浅海海域氮循环计算结果

注：浮游类和底栖类非生物项目现存量的单位为 mg/L（以 N 计），底栖类非生物项目现存量的单位为 mg/（m²·0.3 m）（以 N 计），物质循环量的单位为 mg/（m²·d）（以 N 计）

对于潮间带和浅海海域的氮循环来说，浮游植物的参与程度比较大；底栖类附着硅藻和细菌的参与程度也比较大，远远超过了悬浮物食性生物等其他生物类群。在底栖类中，其主要过程包括通过底栖硅藻的光合作用将海水和间隙水中的无机态氮同化为有机态氮的过程，以及据此生成的有机态氮被细菌分解并向间隙水中供给无机态氮（主要为氨）的过程。

虽然，沉积物摄食者和小型底栖生物现存量非常小，但是在循环过程中发挥着重要的作用。在浮游类（水中）中，浮游植物的生产力非常大，不仅利用系统内的无机态氮，还利用从系统外流入的无机态氮来进行光合作用，增殖的浮游植物在系统内的循环中没有完全消耗，最后流出到系统之外。

6.5.2 氮收支

为了研究底栖类和浮游类之间以及系统内外的氮收支，对有机态氮和无机态氮相关的收支数据进行整理，结果如图6.6所示。

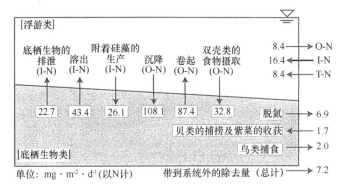

图 6.6 年平均氮收支概要

（年平均底栖类—浮游类、系统内—系统外之间收支）

O-N 表示有机态氮，I-N 表示无机态氮，T-N 表示总氮

计算结果显示，在潮间带和浅海海域，双壳类等滤食性动物对于氮循环的作用比较有限，而附着藻类和细菌对于底栖类的氮循环起着重要的作用。另一方面，在砂质潮间带生态系统模型的计算结果[5,14]中，栖息于潮间带的蛤仔等双壳贝类成为浮游类和底栖类之间物质循环的驱动力，通过过滤将悬浮态有机物从水中除去，以无机营养盐的形式返回，因此将其定位为无机化的位置。而且，从计算区域年度氮收支也可以看出，有明海泥质潮间带存在无机态氮流入、有机态氮流出的情况。从有机物的分解开始，通过浮游植物吸收营养盐，再以有机物的形式向周边海域提供供给服务。这说明泥质潮间带具有较高生产力，发挥着生产供给的功能。

另外，潮间带和浅海海域的年平均氮收支相关评估结果如图6.7所示。根据区域的物质收支来评估水质净化功能，研究区域的水质净化功能为0.34 t/d（以N计），这相当于来自盐田川、鹿岛川流域氮负荷流入量的11%。从物质收支分析来看水质净化功能大部分都是通过脱氮来实现的。

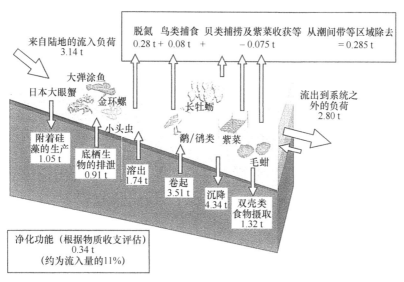

图 6.7 潮间带和浅海海域年平均氮收支评估结果

6.6 结论

以有明海泥质潮间带和浅海海域为研究区域，构建基于泥质潮间带生态系统和物质循环特性的浮游类—底栖类综合生态系统模型，预测出年度氮循环和氮收支等。在这个模型中，除了考虑泥质潮间带特有的生物作用外，还考虑到底泥中还原环境的形成、底泥的卷起再沉降及对物质循环过程的影响等。计算结果除了大致与实测值相吻合外，还反映了季节变化的趋势等，从而认为构建的模型能重现泥质潮间带的特点。

从浮游类—底栖类综合生态系统模型的计算结果来看，可对泥质潮间带的物质循环进行定量化。双壳类等滤食性动物在氮循环中的作用比较有限，而附着藻类和细菌对于底栖类的氮循环发挥着重要作用。另外，从全年的氮收支来看，有明海泥质潮间带生态系统存在无机态氮流入，有机态氮流出，这意味着研究区域生产力较高，发挥着供给服务功能。从整个区域的物质收支来评估水质净化功能，研究区域平均单位面积的水质净化功能为 $8.4 \text{ mg}/(\text{m}^2 \cdot \text{d})$（以 N 计），水质净化功能为 0.34 t/d（以 N 计），约相当于从陆地流入研究区域氮量的 11%。另外，在人为干预程度较大，滤食性动物生物量较高的区域，滤食性动物发挥着分解有机物的功能。但因滤食性动物的过滤速度低于浮游植物的增殖速度，所以对浮游植物增殖的抑制效果是有限的。

通过以泥质潮间带为对象的生态系统模型构建和应用，可以对有明海湾顶泥质潮间带氮循环和水质净化能力进行定量化研究。另外，在制定提高水质净化能力的环境改善措施时，不仅要考虑水质净化能力，还要充分考虑该措施对海域环境、物质循环等产生的影响。从上述研究来看，泥质潮间带生态系统模型，对指导水质净化能力提升和环境改善对策制定是非常有效的。

今后将重复现场调查等活动，不断积累相关经验，这样才能进一步提升泥质潮间带生态系统模型的普适性和实用性。

参 考 文 献

1) J.W. Baretta and P. Ruardij : Tidal Flat Estuaries. Simulation and Analysis of the Ems Estuary. Ecological Studies 71, Springer-Verlag, 1988, 353 pp.

2) 中田喜三郎・畑 恭子：沿岸干潟における浄化機能の評価，水環境学会誌，17，158-166（1994）．

3) K. Hata, I.Oshima and K.Nakata : Evaluation of the Nitrogen Cycle in a Tidal Flat. Estuar. Coast. Model., *Am. Soc. Civil Eng.*, 1995, pp.542-554.

4) 畑 恭子・大島 巌・中田喜三郎：底生生態系モデルを用いた海岸生態系の物質循環の評価，海洋理工学会誌，3, 31-50（1997）．

5) 鈴木輝明・青山裕晃・畑 恭子：干潟生態系モデルによる窒素循環の定量化，－三河湾一色干潟における事例－，海洋理工学会誌，3, 63-80（1997）．

6) K. Hata and K. Nakata: Evaluation of eelgrass bed nitrogen cycle using an ecosystem model, *Environ. Model. & Software*. 13, 491-502（1998）．

7) K. Hata, K. Nakata and T. Suzuki: The nitrogen cycle in tidal flats and eelgrass beds of Ise Bay, *J. Mar. Sys*, 45, 237-253（2004）．

8) 九州農政局：干潟浄化機能調査報告書，2003, 287pp.

9) 安岡澄人・畑 恭子・芳川 忍・中野拓治・白谷栄作・中田喜三郎：有明海の泥質干潟・浅海域での窒素循環の定量化―泥質干潟域の浮遊系－底生系結合モデルの開発―，海洋理工学会誌，11, 21-33（2005）．

10) 環境省水環境部：平成12年度藻場・干潟等の環境保全機能定量評価基礎調査報告書，2001, 197pp.

11) 九州農政局：諫早湾干拓事業 開門総合調査報告書，2003, 397pp.

12) 安岡澄人・石川知樹・中野拓治・白谷栄作・中田喜三郎：有明海泥質干潟・浅海域における底泥窒素循環の特性－塩田川・鹿島川河口域における現地調査及び室内試験結果－，海洋理工学会誌，11, 54-61（2005）．

13) 農林水産省水産庁・農林水産省農村振興局・経済産業省資源エネルギー庁・国土交通省河川局・国土交通省港湾局・環境省環境管理局：平成14年度国土総合開発事業調整費 有明海海域環境調査報告書，2003, 611pp.

14) 佐々木克之：内湾および干潟における物質循環と生物生産【12】一色干潟の窒素循環における二枚貝の役割，海洋と生物，95, 487-492（1994）．

第 7 章 滨名湖的环境保护措施

今中园实*

7.1 滨名湖概况

滨名湖是位于静冈县西部的半咸水湖，由滨名湖主体湖泊及猪鼻湖、细江湖等多个分支湖泊组成，形成了俗称为"手掌型"的形状（图 7.1）。从等深线来看，湖南部比较浅，平均水深为 2.5 m，由中部向北部急剧变深。最大水深位于滨名湖主体湖泊东北部被称为"湖心"的位置，水深约为 12 m。在南部被称为今切口的湖口区域，与远州滩相连。具有典型的封闭感潮海湾特征。

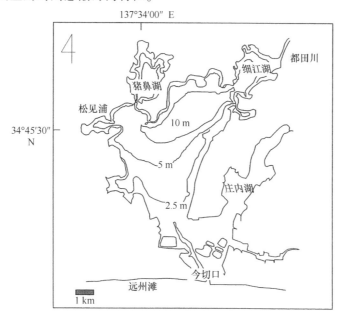

图 7.1 滨名湖地区

连接滨名湖与远州滩的今切口宽约 200 m，相对于整个湖泊的面积（约 70.4 km²）来说比较狭窄。另外，连接各分支湖泊和主体湖泊的水道也很狭窄，所以，在主体湖泊和湖内区域，有的地方封闭性很高。从这种地形的特点来看，滨名湖具有不同位置的水质差异较大的特征。特别是在水深较深的北部区域，受夏季高温和降雨影响，湖水出现

---

* 静冈县环境局自然保护室。

温度跃层及因温度跃层引发的密度分层现象。跃层的上下部分湖水交换较小,所以,在湖底部形成了贫氧水团。特别是在 9—10 月,湖底部的溶解氧(DO)接近 0,出现所谓的无氧状态也并不稀奇。受夏季湖水分层的影响,湖北部表层和底层的水温、DO 等差异明显。到了冬季,分层状态消失,表层和底层的水质几乎变为均一状态。在水深较浅的湖南部区域没有出现分层,全年因水深引发的水质差异很小。

受地形封闭性以及因夏季分层的影响,底层 DO 含量降低,形成还原性环境,湖水很容易变为富营养状态。以化学需氧量(COD)为例,2000 年以前,湖内 12 个水质监测点中,半数以上的监测点数据超过环境标准值(2 mg/L 以下共 7 个监测点,2~3 mg/L共5 个监测点)[1],从中可以看出湖水的富营养化水平正在加剧。而 2001 年之后,全部监测点的 COD 平均值都低于环境标准值[2],可以说滨名湖的富营养化水平呈现出了改善趋势。在封闭性较强的北部湖心和猪鼻湖等区域,夏季 COD 为 3~4 mg/L,显示出较高值的情况非常多。在春季至秋季,屡次发生赤潮[3]。

地形封闭性和富营养的环境意味着存在高浓度的悬浮态有机物,这成为水质恶化的原因之一。丰富的营养盐很容易导致浮游植物的增加,也对初级生产力起到了促进作用,使海域的生产力处于较高水平,滨名湖与其他众多封闭性海域一样,成为浅海海域水生生物的栖息地,并形成重要渔场。捕捞量较多的经济物种包括蛤仔、鲈鱼、黑鲷、对虾等。其中蛤仔占捕捞量的 90% 以上,成为滨名湖的代表性捕捞品种。2005 年,平均单位面积的蛤仔捕捞量为 54.5 t/km²。日本有名的三河湾,其平均单位面积的蛤仔捕捞量约为 11 t/km²[2,4],可见,滨名湖具有很高的生产力。另外,在湖内各处还养殖长牡蛎和紫菜类。

但是,近年来,滨名湖的捕捞量呈现减少趋势,已经到了必须重新审视能否作为渔场的地步了。特别是蛤仔的捕捞量,在 1981 年到达顶峰后一直处于减少趋势,2000 年之后的年捕捞量为 2 000~4 000 t,仅为最盛期的 1/2~1/3(图 7.2)。对滨名湖蛤仔捕捞量减少的原因认识各不相同,目前较公认的是,因过度滥捕和扁玉螺的捕食等引起的,但是具体原因并没有彻底调查清楚。其他物种的捕捞量,在 20 世纪 70 年代达到了顶峰,约 800 t,但是 2005 年只有约 319 t[5]。

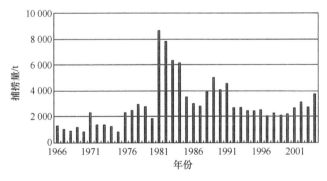

图 7.2 1966—2004 年滨名湖蛤仔的捕捞量

为了保护滨名湖作为渔场的功能,需要研究其重新作为重要渔场的环境条件。在静冈县,以改善滨名湖水质为目的,实施了多项环境保护项目。这些项目虽然并非直接以增加捕捞量和保护渔场为目的,但是通过建造构筑物来改变环境,能够对渔场的环境条件产生影响。项目实施过程中开展环境跟踪监测,为提出有效的渔场环境保护措施具有指导意义。此次主要对1999—2003年间建造的人工潮间带进行调查,分析其对滨名湖环境保护和渔业的影响。

7.2 滨名湖水质改善对策的筛选

滨名湖因其封闭性而形成生产力较高的渔场,但也存在海水COD上升和赤潮发生等问题。为了解决这些问题,必须采取相应的对策。

静冈县为确定滨名湖水质改善项目的有效性,多次实施了模拟试验。1994—1997年,实施了旨在筛选水质改善对策的"滨名湖封闭性改善调查"项目,构建了滨名湖全域的水文动力模型及有机碳、氮、磷的循环模型,同时叠加整修导水沟、建造潮间带等改善水质工程产生的影响,预测水质的变化[6]。将滨名湖全域划分为250 m×250 m的网格,并在垂直方向上分为0~2.5 m、2.5~5 m、5 m以深3层,进行三维多层模型计算。计算方程式和参数参照了通产省[7]的相关成果。1995年之前的10年实际监测值与模拟计算值的相关系数为0.64~0.81。将在滨名湖可实施的水质改善对策作为条件嵌入模型中,结果显示,建造人工潮间带费用低于整修导水沟和开挖工程,并且对削减COD也能产生一定的效果。表7.1为实施主要水质改善对策后的模拟预测结果。

表7.1 滨名湖水质改善对策的模拟试验预测结果

对策	场所	条件	费用/(亿日元)	COD削减效果/(mg·L^{-1})
整修导水沟	湖泊主体中部	$100×10^4$ m^2 宽100 m,深2 m	120	0.02~0.65
开挖	湖泊主体入口	将宽度设置为目前的2倍	200	0.24~0.60
建造潮间带	鹫津湾	2 hm^2	11	0.01~0.13
	庄内湖	2 hm^2	10	0.03~0.39
生态护岸	滨名湖全域	将全部护岸改造成生态护岸	800	0.04~0.36
削减流入负荷	滨名湖全域	将流域的全处理槽作为合并处理槽	170	0.03~0.28

另外,1997—2000年,实施了"滨名湖富营养防治对策调查"[8]项目,调查了滨名湖COD上升及富营养化机制。富营养化的原因主要是来自底质的营养盐溶出和水体中浮游植物增殖,对相关要素进行了动态调查,采集了底质的泥样,将其静置于弱搅拌封闭式、连续注排水式室内试验装置中,通过测定试验开始时和结束时的营养盐浓度,计算出了溶出速度。在现场还通过明暗瓶法测定了浮游植物的生产速度。用设置于底面的沉淀物捕集器捕捉沉降粒子,并测定其氮浓度。同时,还进行了水温及水流的连续观测。在COD的来源分析中,用Millipore过滤器(0.47 μm)过滤海水,将过滤水中的COD作为溶解态COD,将测试水中的总COD分析值和溶解态COD的差作为悬浮态COD。将残留在滤纸上的悬浮物作为SS的值。另外,还通过丙酮提取法测定了

叶绿素 a。根据这些测定值，求出单位时间平均值，计算表层营养盐的扩散程度。

试验结果显示，夏季分层期水体中 COD 上升的主要原因是，从湖底沉积物和悬浮物中溶出营养盐，这些元素随温跃层的破坏而被带到表层，叠加表层有机物的流入，从而导致浮游植物的增殖。根据富营养化机制研究成果，认为控制来自沉积物和底层水的营养盐供给能够防止湖内的富营养化。利用室内试验证实了关于能抑制营养盐溶出的耕耘、覆沙、铺设牡蛎壳、铺设牡蛎壳煅烧品等方法。将从滨名湖中采集的底泥设置于恒温培养装置中，在底泥表面进行耕耘、覆沙 1 cm、铺设牡蛎壳及牡蛎壳煅烧品等处理。通过对设置前后正上方水中营养盐的浓度测定，求出营养盐的溶出速度。另外，在底泥样正上方水中设置 DO 传感器，根据 DO 浓度减少求出单位时间的耗氧量。其结果显示，覆沙对于氮、磷溶出的抑制效果较好，耗氧量也呈现出较低且稳定的趋势（表 7.2）。

表 7.2　根据室内试验计算出的富营养化防止对策的效果

	营养盐溶出速度		表面耗氧速度*	备注
	DIN*	DIP*		
耕耘	−151.0	−15.0	50	约 14 h 内保持稳定
覆沙	−242.0	−48.9	30	约 20 h 内保持稳定
铺设牡蛎壳	65.6	−32.6	—	—
铺设牡蛎壳煅烧品	31.0	−21.9	—	—
对照区	130.0	13.2	30	—

注：*表示单位为 $mg \cdot m^{-2} \cdot h^{-1}$；—表示没有实施试验

水质改善对策模拟试验的结果显示，建造人工潮间带及覆沙是对滨名湖生态系统造成重大变化的可能性较小并且水质改善效果较好的两种方法。

7.3　滨名湖人工潮间带实证试验

7.3.1　人工潮间带的预期效果

从 20 世纪 70 年代后半期开始，在日本全国各地都开始建设人工潮间带。在 1930—1991 年约 60 年的时间里，约 31 200 hm² 的天然潮间带消失，浅海海域的环境变化增大[9]。日本全国蛤仔捕捞量减少也非常明显[10]，这意味着对水产业也造成了影响。20 世纪 80 年代，以改善水质、提升水质净化能力为目的，建造人工潮间带受到广泛关注。至 2000 年，日本全国人工潮间带的建造面积约达到 271 hm²[11]。大规模建造人工潮间带的典型区域主要有横滨市金泽（46 hm²）和有明海（熊本市内 60 hm²）等[12]。

人工潮间带所能产生的预期效果包括底质改善、生物增殖、生物相的改变、水质净化等。进行疏浚和填土，将地基高的地方削平，使地形变得平坦，底质也变为砂质或泥质，通过这些环境的改变，底栖藻类和好氧细菌等附着到底质上。通过藻类的光合作用持续形成好氧环境，利用微生物来促进有机物的分解（无机化）[13]，另外，还促进了栖息于砂质海岸的双壳类、多毛类、甲壳类等大型底栖生物的固着和增加，捕食这些大型底栖生物的鸟类也飞到这个区域[14]，可见，通过建造人工潮间带，构建了新的生态系统，使栖息于潮间带的大型底栖生物包括捕食性动物和滤食性动物的物种聚集[15]，将会增加有机物净化量；也使栖息于潮间带的生物，包括蛤仔、对虾等浅海海域的重要捕捞对象物种群居和增殖。

7.3.2 滨名湖中的人工潮间带

根据 7.2 节中实施的模拟试验结果，静冈县采用的滨名湖水质改善对策，主要是建造人工潮间带。因此，在 1999—2003 年，根据环境省委托项目"灵活利用自然的水环境改善实证项目"，在滨名湖建造了试验用人工潮间带，尝试验证湖内的人工潮间带功能。对于以下在文章中没有特别标明引用的数据，请参照环境省、静冈县"灵活利用自然的水环境改善实证项目调查评估汇总报告书"[16]。

如图 7.3 所示，在滨名湖西北部的松见浦，1999 年 7 月建造了 2 处人工潮间带。在距离护岸 45 m、水深 2 m 以上的区域，采用海底开挖和填土的方式，按照 1/10 的坡度营造了砂质海岸。从护岸起向海 30 m 的区域是受潮汐影响而使潮滩露出面积发生变化的区域，将这一区域视为潮间带，并设定了试验区。潮间带两端构建了用于防止底质流失的挡水墙。另外，将潮间带外侧区域视为外滩。将试验区 A 附近的未建造潮间带的区域设为对照区。底质填料来自滨名湖东南部村栉海域的疏浚泥。建造地区开挖产生的底泥除用于试验区 B 的填土外，还有一部分用作挡水墙的填缝土。建造区、各试验区的位置如图 7.3 所示。

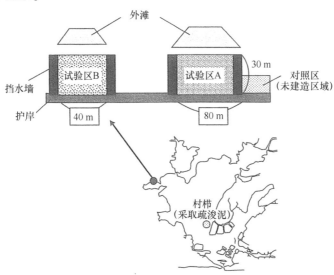

图 7.3 松见浦建造的人工潮间带（34°45′50″N，137°31′50″E）概况
建造区及建造的试验区布置、面积如图所示。形成底质粒径组成不同的
两个试验区 A 与 B。试验区的条件参照表 7.3

为研究底质组成对环境改善的效果,设置了两个试验区。各试验区的概况如表7.3所示。试验区A只使用村栉海域疏浚泥作为填料;试验区B在村栉海域疏浚泥的基础上,混合了10%所在海域的底土,其粒径组成及含水率发生了变化。为评估不同试验区环境改善效果,对试验区A和试验区B进行了底质、水质、生物调查,并对调查结果进行比较。主要调查项目及其测定方法如表7.4所示。

表7.3 松见浦建造的试验区概况

	试验区A	试验区B	对照区
潮间带面积	80 m×30 m	40 m×30 m	40 m×30 m
底质的来源	村栉海域疏浚泥	村栉海域疏浚泥 试验区海域疏浚泥 (配合比率9:1)	—
中值粒径/mm	0.17	0.15	4.40
含水量(%)	33.3	41.1	19.4

表7.4 人工潮间带建造试验主要调查项目

	调查项目		方法	频度
底质	强热减量		JIS测定法	每年6次
	有机碳、氮含量		用磷氮自动分析仪测定	
	氧化还原电位		多点电极法	
	微生物呼吸速度		CO_2定量法	
	脱氮速度		乙炔阻碍法	
	粒度分析		JIS测定法	
水质	水温、盐度、DO		自动计测	每年6次
	COD		JIS测定法	
	悬浮物		JIS测定法	
生物	大型底栖生物	个体数	嵌块法	每年4次
		湿重量		
		出现的物种		
	鱼类	个体数	用定置网采集	
		湿重量		
		出现的物种		
	浮游生物	出现的物种	用浮游生物采集网采集	
		细胞数		

7.3.3 人工潮间带的环境改善效果

通过建造人工潮间带,使底质和生物栖息环境发生了很大变化。潮间带修复区在建造前是由岩石和粗砂构成的海岸（粗砂占比 76.8%，中值粒径 4.4 mm）处于厌氧环境。建造后形成了含砂 70% 以上（粒径 75 μm 至 2 mm）的砂质地。建造约 8 个月后，经化学分析发现该区域处于好氧环境。A、B 两个试验区氧化还原电位从 2000 年 3 月起都显示出正值，至调查结束时变化范围为 0~100 mV。硫化物含量在对照区为 1.3 mg/g，在人工潮间带区域则为 0.1 mg/g 以下。受人工潮间带的影响，底质的硫化物含量减少了。

在生物栖息环境方面，特别是大型底栖生物的栖息环境发生了很大变化。试验区刚建设完成时，大型底栖生物栖息密度为 20 个/m²，属于较低水平。但从第 3 个月之后达到 1 000 个/m² 以上，湿重量达到 500 g/m² 以上。在优势种方面，试验区建设第 1 年，以金环螺、东亚壳菜蛤等从周边区域迁移而来的好厌氧环境的生物物种占优势地位。但是，从第 2 年之后，蛤仔、红明樱蛤等栖息于好氧底质的生物占优势。比较 A、B 两个试验区，发现试验区 A 中双壳等底栖生物较多，个体数、湿重量都呈现出增多的趋势。在滨名湖内的砂质海岸，发现了很多蛤仔、红明樱蛤、日本镜蛤等双壳贝[17]，从栖息于该海域的生物变化，可以发现海域环境改善的效果。在对照区，呈现出纹藤壶、多毛类小头虫属（Capitella）等栖息于厌氧性环境的生物及长牡蛎等附着性生物较多的趋势。相反，在人工潮间带的生物方面，蛤仔、爱神蛤蛳等双壳贝占多数，因此可以证明人工潮间带对生物栖息环境具有改善作用（图 7.4）。

对人工潮间带底质净化作用的定量化进行了研究。在一般情况下，潮间带的底质会附着一些可促进初级生产力的底栖藻类和可使有机物无机化的细菌[18]。建造人工潮间带时，通过填土改变底质粒径组成，能使具有潜在的有机物分解（无机化）和除氮能力的微生物栖息[19]。另外，在建造完成后，发现有大型底栖生物定居生活，可以认为建造人工潮间带也促进了对底栖生物呼吸所产生的无机碳的吸收和净化。

在室内试验中，测定了试验区微生物产生的有机物分解（无机化）速度及脱氮速度。采集底质泥样，将其中的大型底栖生物清除后供试验用。对于有机物分解（无机化）能力，将底质放在用当地海水稀释 4 倍的 0.2 MTris 缓冲液中，在与采集时底质温度相同的环境下培养 24 h，用无机碳测定器测定，求出培养液中的无机碳。利用乙炔阻碍法（阻碍具有从 NO_2 到 N_2 的还原作用的酶）求出氮清除能力。试验中向培养瓶中填充乙炔，使浓度变为 2%，加入硝酸钾溶液（氮为 100 μmol/L），将底质培养 20 min 后，加入氯化汞（Ⅱ）饱和溶液，使其活性停止，将培养瓶进行气相色谱分析，测定并求出 N_2O 浓度。结果显示，从建造第 2 年（2000 年）起测定值开始上升，在 2000 年最高，每天无机碳发生速度为 0.5~20.4 μg/(g·d)，脱氮速度为 0.3~39.1 μg/(g·d)。特别是在试验区 A，呈现出比对照区更高值的趋势（图 7.5）。底栖生物呼吸速度，利用已有研究获得的底栖生物呼吸率[20]和测定的底栖生物湿重量计算得来。从这 5 年的平均值来看，在试验区 A 每天为 0.353 mg/g（干重，以 C 计），在试验区 B 为 0.375 mg/g（干重，以 C 计），可认为底栖生物具有净化水质的能力。

尝试分析人工潮间带的水质净化能力。在试验区 A 和试验区 B 距离护岸 5 m 及 20 m 的地点，分别于退潮时和涨潮时采集水样，测定 COD、叶绿素 a、悬浮物（SS）、总氮、总磷含量。根据测点间测定值的差异和退潮、涨潮间单位时间的平均值，分析水质变化，评估是否具有净化能力。结果显示，两个试验区都具有清除 COD 的能力。经

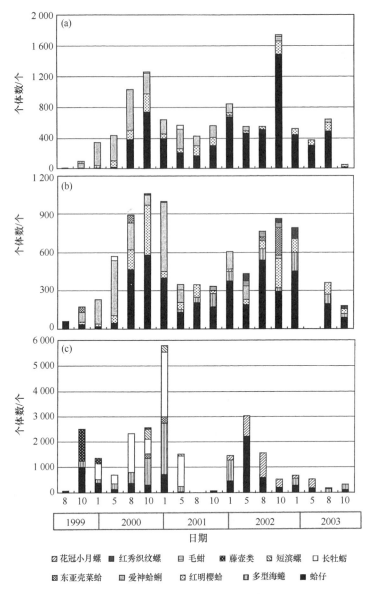

图7.4 人工潮间带出现的生物物种（每个试验区显示湿重量较多的物种）
(a) 试验区 A；(b) 试验区 B；(c) 对照区

计算，试验区 A 每天净化能力为 0.075 g/m²，试验区 B 每天净化能力为 0.178 g/m²。另外，试验区 A 具有 2.75 g/(m²·d) 的 SS 清除能力。虽然调查结果中数值减少的项目只占少数，但已能说明通过建造人工潮间带，增加了水质净化能力。

7.3.4 水产业的溢出效应和课题

通过建设好氧性砂质潮间带，有望使滨名湖重要渔获物种——蛤仔等底栖类经济生物增殖。从松见浦人工潮间带的各年度蛤仔个体数量变化来看，从建造第 2 年开始增

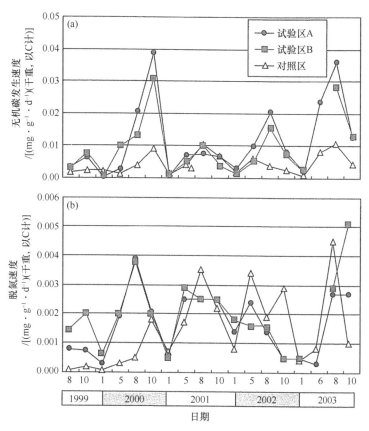

图 7.5 松见浦人工潮间带无机碳发生速度、脱氮速度

加，监测值为 200 个/m² (图 7.6)。通过底质的变化，可营造蛤仔浮游幼体能够变态营底栖生活的生长环境。如前文所述，滨名湖的蛤仔捕捞量持续低迷，但可通过人工潮间带的建造使底栖增殖场增加，将成为恢复蛤仔资源量的方法之一。另外，从鱼类的食物——多毛类的个体数量变化来看，夏季至秋季湖内形成贫氧水团，多毛类数量呈现减少趋势；建造前多毛类个体数为 0，但从建造第 2 年起变为 100 个/m² 以上，最大变为 12 890 个/m² (图 7.7)。试验区 A、试验区 B、对照区鱼类的个体数量都为 500～1 500 个/m²，每日调查发现鱼类数量没有明显的差异，没有获取到对鱼类增加有直接影响的数据。但是，多毛类是从底质开始得到改善变为好氧环境后才出现的，可以说是底质改善呈现的效果之一。

这样看来，通过建设人工潮间带有可能改善水产环境，恢复渔业资源量。但也存在着如何维持人工潮间带功能的问题。人工潮间带受到波浪和风力等因素的影响，形状随时都会发生变化，以前已有研究指出了这一点[21]。根据地形及粒度分析，对松见浦人工潮间带底质的长期变化进行了调查。结果显示，约从建造第 3 年开始，底质的流失变得非常明显，而在建设第 5 年即 2004 年 1 月的调查结果显示，有 0.15 m³/m² 的底质流出。实际上，在建设第 3 年，也就是 2001 年，将潮间带底质从表层挖掘约 2 cm 发现已出现原来的还原性环境。

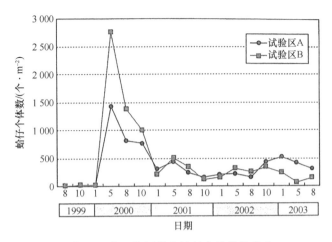

图 7.6 人工潮间带中蛤仔个体数的变动

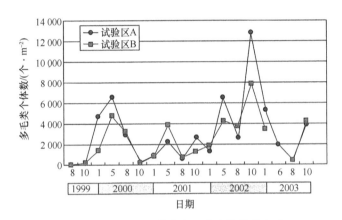

图 7.7 人工潮间带中多毛类个体数的变动

有研究指出,砂质海岸的形状变化会对海洋经济性生物的分布量造成影响[22]。从对蛤仔个体数变化的长期调查来看,建设后第 2 年呈现出增加趋势,但是从第 3 年开始减少(图 7.6)。蛤仔的减少时间和底质流失的时间一致,底质流失和还原性底质的出露表明,适合蛤仔栖息的环境条件已经丧失。

根据上述结果可以认为,为维持人工潮间带的功能,定期进行填土等措施是不可或缺的。本次调查是针对人工潮间带的功能试验,但是,在以环境改善为目的进行潮间带建造时,为了维持其功能,必须定期投入资金和人力等,这是实施人工潮间带建设计划时所必须考虑的问题。

7.4 滨名湖未来的保护方向

人工潮间带实证试验结果表明,维持和保护潮间带对于保护滨名湖的水产环境来说是一种有效的方法。但是,滨名湖的环境持续变化,在可持续利用方面又出现了很多新问题。近年来,有研究指出,湖水盐度上升,可能与过去整修导水沟项目具有关联性。1970—1980年,在湖内以改善渔场环境为目的而进行了大规模的导水沟整修活动[23]。海水的流入量增大到建设前的1.5~1.6倍,湖内的盐度平均值由导水沟整修前(1962—1969年)的28.66上升到导水沟整修后(1987—1994年)的29.70[24]。调查结果显示,在整修导水沟后,20世纪80年代渔场的环境有了改善。比如,在此前没有发现蛤仔分布,导水沟整修后,在其附近发现了大量的底栖稚贝等[25]。但是,近年的捕捞调查统计显示,鳗鲡、斑鰶等半咸水性鱼类减少,细鳞角鲀、蓝子鱼等高盐度性鱼类增加,这表明湖内的环境可能发生了很大变化[26],作为蛤仔捕食者的扁玉螺等玉螺类也大量出现[27],给渔业造成了损害。2005年,以当地的渔业协会为中心,对扁玉螺等玉螺类进行了大规模的驱除活动。在滨名湖,玉螺类导致蛤仔的被食率从2001年左右急剧增加,有研究表明,玉螺类的增加与盐度上升有关[28]。围绕滨名湖水产环境的新问题开始显现,这就要求持续关注滨名湖环境的变化,进行正确的保护。

感谢词

向作为"灵活利用自然的水环境改善项目"的静冈县负责人、从1999年开始在长达5年的时间里为实际建设和调查潮间带竭尽全力的(株)FUJITA技术中心主任、研究员岛多义彦先生及贵公司各位负责人表示衷心的感谢。

参 考 文 献

1) 静岡県環境衛生科学研究所:平成12年度静岡県公共用水域及び地下水の水質測定結果,静岡県,2001,374 pp.

2) 静岡県環境衛生科学研究所:平成17年度静岡県公共用水域及び地下水の水質測定結果,静岡県,2006,374 pp.

3) 岡本 研:浜名湖の植物プランクトン—汽水性の強い内湾の事例として—,水産海洋研究,59,175-179(1994).

4) 愛知県:H17年度刊愛知県統計年鑑,愛知県,2006,pp.137-138.

5) 小泉康二:平成17年の浜名湖漁獲統計,はまな,513,2-4(2006).

6) 静岡県環境部:浜名湖閉鎖性改善調査概要版,静岡県,1997,124 pp.

7) 通商産業省立地公害局工業技術院資源環境技術総合研究所:平成3年度浜松・磐田地区産業公害総合事前調査—浜名湖水質シミュレーション—報告書,通商産業省,1992,111 pp.

8) 静岡県環境部浜名湖保全室:平成11年度浜名湖富栄養化防止対策調査報告書,静岡県,2000,132 pp.

9) 日本海洋開発建設協会海洋工事技術委員会編:これからの海洋環境づくり—海との共生を求めて—,山海堂,1995,213 pp.

10) 柿野 純:アサリ漁業をとりまく近年の動向,水産工学,29,31-39,(1992).

11) 細川恭史:干潟生態系の創出技術,環境保全・創出のための生態工学(岡田光正・大沢雅彦・鈴木基之編),丸善株式会社,1999,pp.160-169.

12) 運輸省港湾局エコポート(海域)技術WG編:港湾における干潟との共生マニュアル,財団法人港湾空間高度化センター,1998,138 pp.

13) 桑江朝比呂・細川恭史・古川恵太・三好英一・木村英治・江口菜穂子:干潟実験施設における底生生物群集の動態,港湾技術研究所報告,36,3-35(1997).

14) 木村賢治・西田幹雄・三好康彦：人工海浜の養浜工事と底生生物の生息との関係，東京都環境科学研究所年報1993，1993，pp.220-224.

15) 青山裕晃・鈴木輝明：干潟の水質浄化機能の定量的評価，愛知水試研報，3，17-28（1996）.

16) 環境省・静岡県：自然を活用した水環境改善実証事業評価検討調査（干潟水環境改善機能調査）事業統括報告書，静岡県，2004，82 pp.

17) 黒倉 寿：浜名湖の環境特性と生物生産，日本海水学会誌，49，122-128（1995）.

18) S. S. Epstein: Microbial food webs in marine sediments.II. Seasonal canges in trophic interactions in a sandy tidal flat community, *Microb. Ecol.*, 34, 199-209 (1997).

19) 西嶋 渉・岡田光正：人工干潟生態系の構造と機能，環境保全・創出のための生態工学（岡田光正・大沢雅彦・鈴木基之編），丸善株式会社，1999，pp.169-179.

20) 西嶋 渉・李 正奎・岡田光正：自然および人工干潟の有機物浄化能の定量化と広島湾の浄化に果たす役割，水環境学会誌，21，149-156（1998）.

21) 古川恵太・藤野智亮・三好英一・桑江朝比呂・野村宗弘・萩本幸将・細川恭史：干潟の地形変化に関する現地観測－盤州干潟と西浦造成干潟－，港湾技研資料，965，2000，29 pp.

22) 柴田輝和・柿野 純・村上亜希子：冬季の漁場における砂の流動に対するアサリの定位性ならびに餌料量・運動量とアサリの活力との関係，水産工学，33，231-235（1997）.

23) 浜名湖地区水産振興協議会編：浜名湖地区の水産，浜名湖地区水産振興協議会，2001，pp 63.

24) 津久井文夫：浜名湖における作澪事業前後の漁獲量変化についての一考察，静岡水試研報，31，19-25（1996）.

25) 花井孝之：アサリの出現状況から見た大規模漁場保全事業の効果，はまな，343，1-2（1989）.

26) 後藤裕康：漁獲量変動からみた浜名湖の漁場環境の変化，静岡水試研報，39，31-50（2004）.

27) 鷲山祐史・小泉康二・松浦玲子・和久田昌勇：アサリ生産安定化総合研究（アサリ），静岡県水産試験場平成16年度事業報告，2005，pp.155-159.

28) 後藤裕康・鷲山祐史・小泉康二・和久田昌勇：アサリ生産安定化総合研究（アサリ），静岡県水産試験場平成15年度事業報告，2004，pp.139-149.

第8章 宍道湖日本蚬生产环境的保护

中村由行

8.1 咸淡水水域的特点和日本蚬

咸淡水水域与海域最基本的区别是盐度环境。海水通过河流和水道间歇性的逆流而上进入湖沼和河流感潮段，维持着这些区域的低盐度环境，如宍道湖、小川原湖、涸沼以及曾经的利根川河口等区域。只有具有良好渗透压调节功能的少数生物，才能适应这种低盐度环境成为优势种，代表性的生物是日本蚬。位于岛根县的宍道湖，作为湖沼来说，其鲜贝捕捞量号称日本第一，捕捞对象大部分都是日本蚬。从底栖生物的生物量来看，大部分也是日本蚬。但同为咸淡水的滨名湖和中海，具有较高的盐度环境（盐度达到海水一半以上），以海产性的生物为主体，即使同样有双壳类，但蛤仔等才是其主要的经济种类。

目前，宍道湖是日本最大的蚬类渔场，过去利根川河口等水域的捕捞量是超过宍道湖的[1]（图8.1）。这些水域捕捞量减少的原因是：受淡水化和填海造陆等因素的影响，导致蚬类栖息地（特别是产卵场必需的低盐度环境）丧失，水体富营养化水平较高，容易形成贫氧水团。另外，以八郎潟为例，水体淡化后投入了大量成年贝，但是前些年堤坝决堤，受海水流入的影响，形成半咸水条件，随后却捕捞到大量蚬类。通过这些事例可以了解到，在日本的咸淡水水域，自古以来就存在着以日本蚬等双壳类为主的生态系统。如果改善栖息条件，将能使蚬类渔场重新恢复，并且可能实现水质净化。

日本蚬和蛤仔在营养级的定位中，都是食物链中的初级消费者，这是它们的共同点。初级生产者在所有的食物链中都处于最基础的位置，作为主要构成要员的浮游植物，其生产量与各个营养级被利用的有机物大体成比例关系。在半咸水水域和沿岸浅海海域，浮游植物生产的有机物通过初级消费者——双壳类再被高级消费者（鱼和鸟等）有效利用。但近年来，受水体过度富营养化，又因双壳贝栖息地被破坏等因素的影响，从初级生产者向初级消费者的物质变换进程被切断，赤潮和水华等现象时有发生，有机污染正在迅速发展扩大。

氮、磷和有机物作为日本蚬生长所需的物质被日本蚬摄入，由于日本蚬能够被食用，通过捕捞日本蚬，将营养物质带到湖沼系统之外，渔业生产活动就此具备了净化系统的功能。据山室[2]推测，夏季流入宍道湖的氮负荷约有15%被用于日本蚬的生长，而据中村[1]推测，通过捕捞包括日本蚬、鱼类等，可除去流入宍道湖负荷的比例：氮为9.5%，磷可达14%。之所以出现如此高的清除率，可能是由于作为主要捕捞对象的日本蚬属于初级消费者。山室[3]将宍道湖的初级生产量和捕捞量与其他具有代表性的富营养化湖沼（如霞之浦、诹访湖）进行了比较（表8.1）。结果显示，在这些湖沼之间，

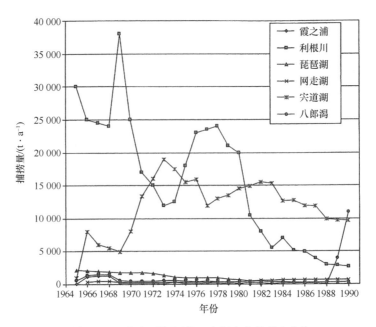

图 8.1 日本主要湖沼的日本蚬生产量的变化[1]

单位面积的初级生产量并没有较大差别。但是，在单位面积的捕捞量方面，宍道湖约是诹访湖和霞之浦的 10 倍和 5 倍。据山室[3]推测，这一差异的主要原因是，诹访湖和霞之浦的捕捞对象为鱼类，属于营养级中的次级消费者以上层次。而在宍道湖捕食的初级消费者中，以具有像日本蚬这样过滤性较强的滤食性动物为主体，初级生产的有机物很可能被有效输送。在蚬类过滤速度方面，夏季最高，平均尺寸的贝类个体滤水量约达 460 mL/h[4]；如果考虑到蚬类资源量，其速度几乎可在 4~5 d 内就能将宍道湖的水体全部过滤一遍。

表 8.1 主要湖沼的初级生产量和捕捞量的比较[3]

湖沼名	年度捕捞量 /t	面积 /km²	最大水深 /m	平均单位面积捕捞量 /(t·km⁻²)	年度初级生产量 /[g·m⁻²（以 C 计）]
诹访湖	167	12.9	7.6	12.9	770
霞之浦	4 331	167.6	7.3	25.8	750
宍道湖	10 165	79.2	6.0	128.0	730~1 100

近年来宍道湖日本蚬捕捞量出现了略微减少的趋势，但长期以来一直维持着日本最高的水平，这是上述食物链功能有效发挥的结果。从 1994 年开始，按照计划 5 年实施一个项目[5]，即以宍道湖为对象，以实地监测为主要手段，学习自然物质循环法则，而且以考察提高净化能力的方法为目标。在这个项目中，还采集了宍道湖中包括日本蚬、鱼、贝类和海藻、海草类等各种生物，研究其促进水质净化的效果。在该项目中，笔者特别关注日本蚬，目的在于了解其生活习性及产生自然净化的机制，掌握物质循环过程。在本章中，简要介绍本项目的成果以及环境省进行的湖沼综合审查

调查[6]等相关结果。

8.2 宍道湖水质环境以及生态系统变化

8.2.1 宍道湖地理概况

宍道湖位于岛根县东部,面积为 80 km²,平均水深 4.5 m,属于水深较浅的半咸水湖(图 8.2)。东西长 16 km,南北宽 6.2 km,呈东西长的矩形形状,湖呈单纯的盆形。宍道湖与面积几乎相同的中海构成了耦合湖沼,从宍道湖东部的大桥川通到中海,中海通过境水道与日本海相连。海水从日本海通过中海、大桥川间歇性地流入宍道湖中,所以宍道湖的半咸水条件得到了维持。与中海的潮位变动相比,宍道湖的潮位变动极为微弱。在正常潮汐(天文潮)时,盐水不会逆向流入宍道湖中[7],但是,当日本海一侧受低气压通过等气象因素影响时,导致潮位上升,才出现间歇性向上逆流。盐度受这种气象条件和斐伊川流量的影响而发生变动。宍道湖的盐度平均约为海水的 1/10,在中海表层,其盐度约为海水的一半。中海全年都可以看到稳定的盐度分层,夏季长期存在贫氧水团。对于宍道湖,海水逆流而上是间歇性的,盐度的分层化(跃层的位置距离湖底数十厘米至 1 m)和风引起的紊动混合反复交互进行,表层与底层盐度基本一致。

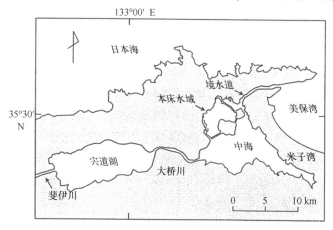

图 8.2 宍道湖中海水系的位置

8.2.2 宍道湖水质环境变化

受更新世以来海水水位变化以及流入宍道湖的斐伊川河道变化的影响,盐度环境出现了历史性的巨大变化。根据沉积于湖底的硫黄成分等的分析,确认宍道湖从来都不是完全意义上的淡水湖[8]。受近年来斐伊川河道固定化的影响,除湖西部的围海造田外,没有出现较大的地形变化。因开凿大桥川,使得海水更容易逆流而上,因而出现了高盐度现象,所以日本蚬栖息区域扩大。第二次世界大战后在中海部分区域进行了大规模的围海造田，没有进行围海造田的地方也因建造堤坝而使地形条件和水动力环境发生了大规模的变化。中海的围海造田活动已经中止，堤坝今后的利用问题在讨论中。另外，大桥川洪水疏通能力是有限的，所以对大桥川的拓宽与斐伊川泄洪通道相关的排洪对策等项目也正在研究。灾害防治、自然环境保护、开发利用与水产养殖的共存，以及今后生态恢复的必要性等，这些新旧课题仍然存在。

回顾宍道湖外部负荷的变化并不是一件容易的事情。在1984年首次制定湖沼保护计划之后，一直坚持进行水质调查。但第二次世界大战后该区域快速开发，其变化并没有调查清楚。中村等[9]假定在第二次世界大战前进行了粪便等的再利用，但是第二次世界大战后随着化学肥料的发展不再利用粪便，以此推测输入量的长期变化。也就是说，根据水田、旱田农作物栽种面积相关的数据推算出必需的肥料量，以化学肥料的投入量和生活类肥料的农地还原量为主，假定不足部分由畜产类肥料的农地还原来补充，以此进行了推测。

推测结果如图8.3所示。宍道湖—中海流域的COD面源输入量在1945—1965年缓慢增加，但是在1985年之后呈现出减少趋势。近年来生活类、事业场所类的输入量正在减少。TN输入量在1945—1955年有所增加，随后就呈现出减少趋势。推测1945—1955年生活类污染出现了大幅度增加。这是由于随着水田、旱田的化学肥料消费量的增加，农地对人的粪便还原量减少所致。TP输入量在1945—1965年大幅度增加，其原因据称是由于合成洗涤剂使用量增加以及农地对人的粪便还原量减少所致。由此可见，对于宍道湖—中海流域输入量增减来说，除了人类产生的生活类负荷变化之外，化学肥料的使用影响也非常大。

受输入量变化的影响，湖沼的水质和生活类污水会发生什么样的反应呢？以岛根县保健环境科学研究所湖沼调查报告书[6]的调查数据为基础，总结水质变化特性如下。尽管近年来输入量呈现出减少趋势，但是1984年以后，宍道湖湖心表层的COD年平均浓度没有出现剧烈波动的趋势。虽然各年度有浓度变化，但是大致上在4～5 mg/L波动；1995年之后，稍高于4 mg/L。从COD的溶解态和悬浮态占比来看，表层和底层溶解态都占据了60%～70%，而悬浮态所占比例仅为30%～40%；也就是说，在现在的宍道湖中，查清溶解态COD的变化是非常重要的，而悬浮态COD的影响相对较低。加上一直以来为防止富营养化而采取了氮磷削减对策，更显得查清溶解态COD的必要性。宍道湖中溶解态COD的生物分解情况几乎完全没有弄清楚，但是从其他湖沼的情况来看，认为大部分是具有生物难分解特性。所谓生物难分解特性，是指浓度变化很少，也就是以COD为指标的水质评估敏感度非常低。以COD为主要指标进行水质评估能在多大程度上反映湖沼的环境变化呢？要弄清这个问题必须查清与生态系统变化的关联性。另外，关于TN、TP，自1984年起也没有发现剧烈波动的趋势。关于TP的短期变动，受贫氧化的影响比较强。夏季底层的TP显著增加，特别是贫氧化持续时，这一趋势更强，这可能是受到湖底沉积物内磷溶出的强烈影响。

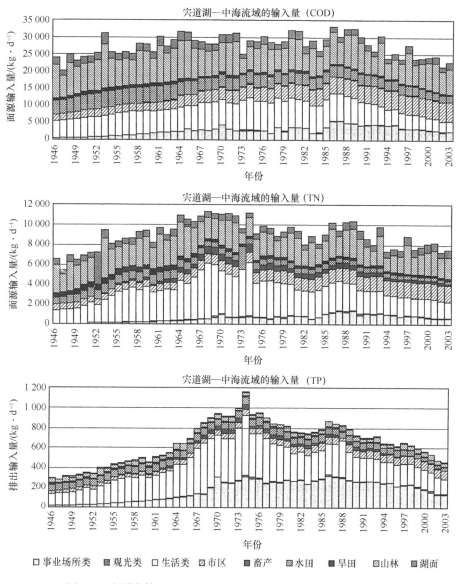

图 8.3 宍道湖第二次世界大战后 COD、TN、TP 输入量的变化[9]

8.2.3 生态系统的变化

目前还没有找到能综合反映宍道湖生态系统长期变化的指标。虽然从捕捞量等方面可以推测相关情况，但只从捕捞量来推测生态系统的变化情况是有限的。在第二次世界大战后至水体富营养化之前这一阶段，除了捕捞量数据本身的可信度问题外，捕捞量的动向与资源量未必一致，这是因为它时时受到社会经济条件（全国性需求和供给的平衡、供给需求的流通条件等）的制约。利根川的日本蚬类捕捞量大幅度减少、利用冷冻车使全国大规模流通成为可能等，这些都关系到当时的需求增长[1]。但是，之后的数据,捕捞量的增减在相当程度上反映了资源量。

最近通过平冢等[10]的调查可以确认,在 1955 年左右,中海地区有大面积的大叶藻海草床,这些大叶藻被大量收割后作为肥料利用。通过收割而产生的氮、磷的去除量分别相当于目前其进入中海总量的 5.3% 和 11%,这表明大规模收割对去除系统中的氮、磷发挥了重要作用。另一方面,在宍道湖中,水生植物生长非常旺盛,几乎将湖底全部覆盖。但是在 19 世纪 50 年代末期,水生植物急剧消失[11]。关于消失的原因,有各种各样的猜测。如富营养化的影响(因营养盐流入,初级生产者的主体逐渐变为浮游植物)、农药和除草剂的流入导致水生植物枯死、随着蚬类捕捞量增大而使藻场衰退等。

8.3 宍道湖水质和物质循环监测

8.3.1 日本蚬和浮游植物的分布

宍道湖中浮游植物的现存量受到日本蚬捕食压力的影响,出现明显的时空变化特点。首先,在空间方面,与湖中心部分相比,沿岸地区的叶绿素 a 浓度一直比较低[12,13]。这是因为日本蚬集中栖息于沿岸区域,叶绿素 a 的浓度变化反映了日本蚬对浮游植物的捕食状况(图 8.4)。日本蚬喜欢砂质和砂泥质底质,所以其栖息区域几乎完全由湖底的底质所决定[14]。从宍道湖的情况来看,在水深约 4 m 及更深的底质中,淤泥成分的比例比较高,贫氧化很容易在夏季迅速发展,所以几乎没有日本蚬栖息于此[4]。其次是随时间变化的特点,沿岸区域的叶绿素 a 经常出现明显的日周期变化。特别是从风力较弱的夜间到早晨,叶绿素 a 浓度比较低。而从中午到傍晚,叶绿素 a 的浓度比较高。这种现象与夜间水面温度降低导致自然对流而引发的垂直混合有关,并且垂直混合越强,日本蚬对微细藻类的捕食效率就越好[13,14]。

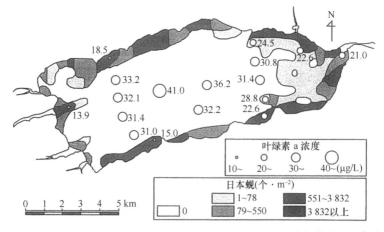

图 8.4 宍道湖中日本蚬的栖息密度分布和表层水中叶绿素 a 浓度的分布情况(根据文献[1,12]绘制)

8.3.2 水质水平分布特征

为了解日本蚬生物代谢对水质的影响，笔者等在几乎不受河流流入和流出直接影响的湖中部，对与湖岸成直角的南北方向的断面进行了监测。本章记录了 1997 年夏季现场调查的大致情况[15,16]。

日本蚬的栖息区域被限定于湖岸区域，该次调查共计设置了 9 个调查点，如图 8.5 所示，因日本蚬多栖息于湖岸区域，在湖岸附近的调查点间隔特别密。调查时间为 1997 年 8 月 6 日 18 时至 8 月 8 日 12 时，共 42 h，以约 6 h 的间隔共进行了 8 次断面调查。调查项目包括水温、盐度、溶解氧、营养盐（NH_4-N、NO_3-N、NO_2-N、PO_4-P）、叶绿素 a、SS。白天除了调查上述项目外，还对水中照度进行了测量。另外，对第 2、第 3 及第 5 调查点进行了 3 层观测，还进行了两次初级生产速度的现场监测（24 h 氧测量法），时间分别从 8 月 7 日 6 时开始和 8 月 8 日 6 时开始。调查期间，从 8 月 6 日到 8 日凌晨是阴天，还一度出现了降雨。但是最后一天（即 8 日）上午开始变为晴天。除了 8 日 11 时风力稍大以外，整个调查期间风力均为 2~3 m/s。同时，调查期间没有发现明显的盐度分层。

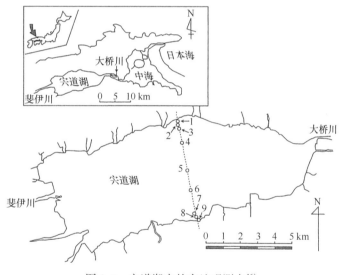

图 8.5 宍道湖中的实地观测点[16]

图 8.6 表示调查后半段 8 月 8 日 6 时的叶绿素 a、溶解氧、氨氮及活性磷酸盐浓度的垂直断面分布情况。调查结果显示，对南北横断面的监测发现了几个分布特征。

首先，在叶绿素 a［图 8.6（a）］方面，其分布特点是沿岸区域值明显较低，湖中心的值比较高。沿岸的低浓度区域明显反映了受日本蚬捕食的影响。具体来说，叶绿素 a 浓度最大的分布区域不是湖心，而是距离岸边 1.5 km 或 2 km 区域的亚表层。湖中心的值比上述地点测定的值稍低。另外，靠近南岸区域浓度较低的情况并不像北岸区域那样明显。

溶解氧的分布［图 8.6（b）］与叶绿素 a 的分布类似，沿岸区域浓度低，湖中心

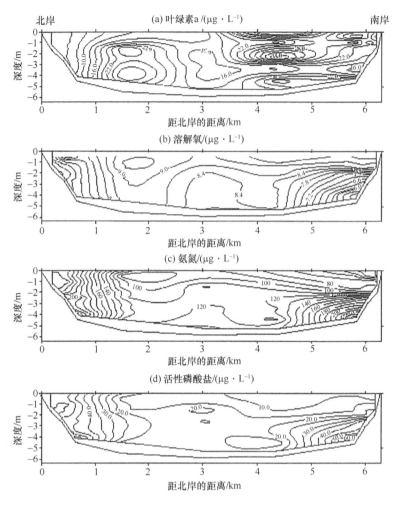

图 8.6 （a）叶绿素 a、(b) DO、(c) NH_4-N、(d) PO_4-P 的垂直断面分布实例[16]
（1997 年 8 月 8 日 6 时的观测结果）

DO 浓度高，浓度最大区域是湖中心和湖岸之间的中间区域。另外，与叶绿素 a 的分布相比，南北对称性更为明显。日本蚬的呼吸作用形成沿岸区域 DO 低浓度区。

氨氮与活性磷酸盐浓度的分布特征［图 8.6（c）、(d)］极为相似。正好与叶绿素 a 和溶解氧分布相反。沿岸区域的浓度较高，向湖中心一侧浓度较低。另外，这些营养盐浓度的极小区域不是湖中心区域，而是与叶绿素 a 和溶解氧最大区域基本一致。分布不是南北方向完全对称，在南岸水深约 4 m 的地点监测到了浓度最大区域，沿岸的高浓度区域反映了日本蚬的排泄情况。

从 7 日 6 时至翌日 6 时测定的初级生产速度来看，在稍微离湖岸一段距离（约 600 m）的第 3 监测点初级生产速度最大，第 2 监测点速度最小。在湖岸边的速度最小，反映了因日本蚬捕食活动的影响，叶绿素 a 浓度原本就很小。另外，第 3 监测点位于叶绿素 a 浓度和营养盐浓度向水平方向急剧变化的锋面位置，是沿岸水和湖心水交界处。这区域是浮游植物容易摄取日本蚬排泄的营养盐的区域，从而可推测，这是利用营养盐进行光合作用速度变高的原因。

综合上述水质空间分布特征可知，受日本蚬滤食及营养盐排泄的影响，沿岸区域形成了浮游植物（叶绿素a）低浓度、营养盐高浓度的区域。而且，在沿岸区域和湖中心区域，作为日本蚬食物的浮游植物的浓度存在明显差异。另外，日本蚬排泄的营养盐被浮游植物再利用，这意味着水平方向的输移混合参与到了湖泊的物质交换和食物链中。

8.3.3 水质日周期变动相关的观测——环流和食物链

水平方向的水平流和物质输送是什么在起作用呢？风浪较强时，受悬浮物影响，宍道湖的水比较混浊，水平方向的物质输送较为活跃。那么，在没有风的平静时期，应该不会发生水平方向的物质输送吧？为了确认这一点，中村等实施了夏季典型气象条件下的观测[13]，本节将简要介绍该观测结果。

调查点与图8.5所示的水平分布调查点基本重合。不过，站点集中于距北岸约2 km的周边区域。从1996年8月1日18时至8月3日13时，每隔6 h实施一次水质的水平、垂直分布情况调查。调查项目包括水温、盐度、水深、叶绿素a及溶解氧。另外，部分站点还调查了浮游植物种类和数量。

图8.7显示了调查后期的水温、叶绿素a、溶解氧浓度。首先，从水温分布来看[图8.7（a）]，白天形成了较弱的温度跃层，但是从傍晚起分层就消失了。随着夜间温度降低，底层水温也开始下降，越是靠近沿岸区域下降越快。这是地形性蓄热效果的作用之一，是由于水深的大小与水团的热容量大小相关而引起的。日出之后至中午，再次形成了较弱的温度跃层，水温的水平分布接近相同。上述这种情形反复出现。从晚上24时及早上6时的水温分布来看，低温区域由沿岸底面进入湖心。这表明，随着对流作用产生了垂直循环流。在水深约4.5 m附近，存在盐度差较大的密度跃层，冷水团侵入到该跃层附近，表层水从湖中心向湖岸流动对湖岸区域底层提供补偿。

图8.7（b）显示叶绿素a的分布情况。白天表层叶绿素a浓度在水平方向没有明显差别，除了距离湖岸最近的测点外，其他测点浓度都较高，在15 μg/L以上。从傍晚到夜间，从湖岸一侧开始，叶绿素a低浓度区开始扩大，5 μg/L以下的低浓度区域在深夜达到最大。这种低浓度区的形成和扩大与冷水团的形成和扩大模式非常类似，即与冷水团的扩展相似，叶绿素a浓度较低的水团沿着湖底向湖中心方向扩展。

溶解氧浓度的分布[图8.7（c）]与叶绿素a浓度的分布基本类似。白天受光合作用的影响，特别是在湖中心区域形成了高浓度、过饱和状态。但是夜间受生物呼吸作用影响而降低，这也反映了叶绿素a浓度分布情况，在湖中心区域是高浓度区，在湖岸附近是低浓度区。蚬类栖息区域的溶解氧相对来说属于低浓度区，但是最低也有5 mg/L，不会对蚬类的生长产生不利影响。另外，在湖中心区域，由于在水深4.5 m附近区域存在盐度分层，所以深层水出现了贫氧化。

综合上述水质日周期变化特征，可以将水团的活动及叶绿素a的减少机制总结如下。首先，受白天日照的影响水温上升，等温线在表层几乎保持水平，受光合作用影响，叶绿素a、溶解氧浓度都升高。夜间温度降低，垂直混合逐渐活跃，沿岸区域的叶

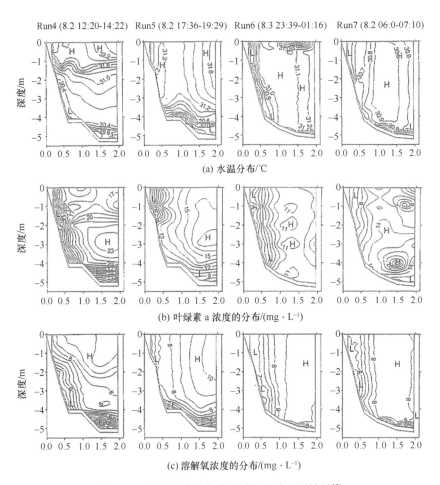

图 8.7 北岸区域的水质日周期变动观测结果[13]

绿素 a 明显开始减少。这是由于浮游植物和悬浮物在垂直方向充分混合,被日本蚬作为食物摄取的概率较高。另外,越是水深较浅的沿岸区域,降温速度就越快,所以水平方向受水温差影响产生了压力差,从而产生了近岸底层水向湖中心一侧、湖中心表层水向湖岸一侧流动的环流。受环流影响,对蚬类的捕食和排泄有影响的低叶绿素 a、高营养盐的水团侵入到湖中心水域,而湖中心水域的高叶绿素 a、低营养盐的水团向湖岸方向流动。这种垂直环流将高叶绿素 a 输送到蚬类栖息的沿岸区域,同时将蚬类排泄的营养盐输送到湖心水域,促进浮游植物生长。图 8.8 是对流型环流与食物链的关联模式。

根据观测到的夜间叶绿素 a 浓度降低速度,推测出日本蚬的捕食速度及过滤速度。由结果可见,所获得的过滤速度与室内试验等测定的数值极为接近[13]。因此,可以得出结论:因水温分布形成的环流在很大程度上参与到了浮游植物与日本蚬的相互作用中。中村等[17]通过再现宍道湖水平流及湖底地形的三维水动力模型,将来自湖面的热收支作为产生水流原因的外力而纳入数值计算,揭示了以夜间的热辐射为起因的上述环流形成和维持情况。通过数值预测显示,北岸的湖底地形比南岸一侧坡度缓,因此水流、水温和水质在南北方向呈稍微的非对称分布。

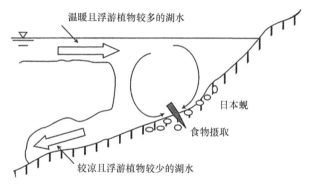

图 8.8 对流型环流与浮游植物和日本蚬相互作用的关联性

8.4 模型解析

8.4.1 利用一维简单数值模型进行水质解析

(1) 模型概况

宍道湖是平均水深约为 4.5m 的浅水湖,如果除掉海水大规模入侵后的盐度分层化,则在垂直方向上水质几乎完全一样。但是,受日本蚬代谢的影响,具有沿岸水质与湖中心水质明显不同的特性。中村等利用这种特性,构建了能够描述从沿岸向湖中心方向水质变化的水平一维模型[16]。与上述现场监测时一样,要考虑到湖岸至湖中心方向(南北方向)的水质分布和与之相关的浮游植物与日本蚬的相互作用。模型的变量包括浮游植物(P)、氨氮(A)及日本蚬(B)3个变量。转化过程包括浮游植物的初级生产、日本蚬捕食浮游植物、浮游植物的枯死或沉降、蚬类因死亡或捕捞而被清除、蚬类排泄氨、来自底泥的溶出、水平方向的扩散及来自河流的流入或流出。模型变量和转化过程的关系如图 8.9 所示。

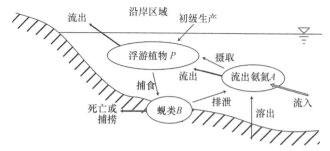

图 8.9 模型的变量和转化过程[16]

对于浮游植物(叶绿素 a)浓度(P)、氨氮(A)及日本蚬的生物量密度(B)的基础公式及公式中的参数含义、用于计算的值如表 8.2 及表 8.3 所示。这些值尽可能使用了在宍道湖中监测到的值(固定值)。但是,关于蚬类过滤速度(F)、排泄速度

（E）及浮游植物的增殖速度（P_{max}）这3个参数，报告称与水温有很强的相关性[1,4]，因此，以水温的函数形式赋值。水温是以过去5年间岛根县保健环境科学研究所每月定点观测的观测值[19]为基础，用1年周期的正弦函数模拟，作为输入数据。另外，流入流量及氨氮的负荷根据 Ishitobi 等[20]的研究结果赋以固定值。

表 8.2　一维模型的基础公式[16]

$$\frac{\partial P}{\partial t} = \frac{1}{h}\frac{\partial}{\partial x}\left(hD_x\frac{\partial P}{\partial x}\right) + \frac{A}{K_m+A}P_{max}P - K_d P - \left(\frac{\gamma F}{h}\right)PB - \frac{P}{\tau} \quad (8-1)$$

$$\frac{\partial A}{\partial t} = \frac{1}{h}\frac{\partial}{\partial x}\left(hD_x\frac{\partial A}{\partial x}\right) + \alpha\frac{A}{K_m+A}P_{max}P + \left(\frac{\gamma E}{h}\right)B + \frac{R}{h} + (A_m - A)/\tau \quad (8-2)$$

$$\frac{\partial B}{\partial t} = K_b B - (\alpha\beta_1\beta_2\gamma F)BP \quad (8-3)$$

表 8.3　模型参数的含义和用于计算的数值[16]

P_{max}：浮游植物初级生产速度常量 = 0.2/d

K_m：对于 NH_4 的半饱和常量 = 0.014 g/m³

K_d：浮游植物死亡常量 = 0.08/d

γ：蚬类软体部分重量比 = 0.022 3 g/g（干重/湿重）

F：蚬类过滤速度 = 0.12 m³·g/d（干重/湿重）

E：NH_4 排泄速度 = 0.003 g·g/d（以 N 计）（干重/湿重）

K_b：蚬类死亡（+清除）速度常量 = 3.0×10^{-3}/d

A：浮游植物氮/Chl a 比 = 6.3 g/g（N/Chl a）

β_1：蚬类的氮同化效率 = 0.45

β_2：蚬类的氮含有比 = 0.46×10^3 g/g（湿重/N）

R：NH_4 溶出速度 = 0.04 g/（m²·d）

A_m：河流流入的 NH_4 浓度 = 0.003 5 g/m³

D_x：水平方向分散系数 = 8.6×10^4 m²/d

τ：河流水的滞留时间 = 103 d

（2）解析结果和讨论

使用在宍道湖所监测到的具有代表性的资料，对数值模型进行了检验。用于检验的数据，其中日本蚬的栖息密度，利用 Nakamura 等[4]在宍道湖进行的详细调查结果，并采用了按照水深平均化的栖息密度值。关于叶绿素 a 及氨氮浓度，将 8.3 节中所介绍的湖泊断面连续监测的结果，按照监测点将从湖中心到北岸一侧的监测值进行平均化后使用。

模型计算结果如图 8.10 所示。把参数值按不同季节赋值，给出了1年周期的模拟情况。计算结果说明了这个湖泊的水质特点，即沿岸区域叶绿素 a 与湖中心区域相比较低，而营养盐浓度则是沿岸区域比较高。特别是夏季水平方向的浓度差比较明显。湖中心部分的浮游植物浓度是沿岸区域浓度的2~4倍，这一结果与8.3节所述的监测结果基本一致。另外，还完美地重现了夏季叶绿素 a 浓度在湖中心到湖岸之间的中间区域附近最大这一监测事实。以上表明，蚬类通过过滤作用使浮游植物浓度降低，同时通过排泄作用供给营养盐促进了浮游植物的生产。冬季没有出现叶绿素 a 的极大值区域，在生物代谢速度比较快的夏季，基于浮游植物和蚬类相互作用的营养盐循环以接近沿岸区域为中心快速转化补充。氨氮浓度受到蚬类排泄的影响，在沿岸区域明显升高。计算结果有低估湖心区域实际情况的可能。但是，在 1996 年现场监测时，与平时的夏季相比，河流流量相当多，氨氮浓度较高。考虑到这一情况，可以认为其结果处于合理的范围内。

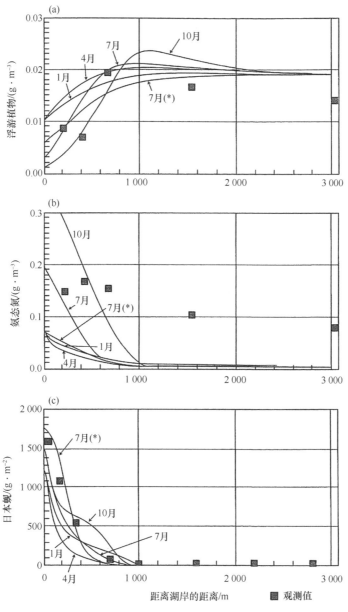

图 8.10　叶绿素 a、NH_4-N 及日本蚬的计算结果与观测值的比较

[7 月（*）将分散系数设为 2 倍的结果][16)]

根据以上数值计算结果，可以认为用这种简单模型基本可以模拟浮游植物与双壳贝的相互关系。

8.4.2 利用生态系统模型进行解析

(1) 生态系统模型概况

在前一节中，采用简易一维模型重现了日本蚬参与从湖岸至湖中心方向水质分布形成的过程。在模型中，将物质循环过程极度简化，无法真实模拟水质分布。另外，也无法回答一些复杂的问题，如湖沼系统如何响应气候、水流等主要外部因素的影响，与相邻的中海生态系统的物质循环结构的差异等。对于这些课题，中田等[21,22]进行了宍道湖、中海流场和生态系统耦合模拟试验，模型变量为浮游植物、浮游动物、有机碎屑及溶解态有机碳，属于低级生态系统模型，考虑了氧、碳、氮及磷的循环。在该模型中，为了解各个湖沼中占优势地位的双壳类（日本蚬及东亚壳菜蛤）的作用，将其生物量的季节变化测定值及依赖于水温的代谢速度（过滤速度、呼吸速度、排泄速度）的试验值[2,23]作为输入值。模型将研究区域划分为250~500 m的小网格，垂直方向划分为5层。利用该模型对1995年3月至9月的连续监测数据进行模拟计算。关于详细的模型结构和参数设定，请参照中田等[21,22]的研究。

(2) 主要结果

模型的计算结果很好地重现了水质的实际情况。为了评估双壳类的代谢影响，针对存不存在双壳类两种情况，进行叶绿素a、DO、氨氮、活性磷酸盐等参数的比较分析，结果显示，受双壳类的影响，宍道湖、中海的叶绿素a浓度都明显减少。尽管宍道湖中日本蚬的呼吸作用增加，但并没有发现对湖中心的氧浓度造成影响的情况。另外，在有双壳类的情况下，夏季氨氮和活性磷酸盐浓度峰值下降，这是因为虽然双壳类排泄导致氨氮和活性磷酸盐等营养盐有所增加，但浮游植物和有机碎屑分解所引起的营养盐减少量总体更大。从这样的结果来看，受以双壳类为核心的底栖生态系统的影响，湖沼形成了营养盐更容易被高级生物获取的系统。

8.5 沿岸海域修复建议

本节的主要内容是通过现场监测和数值模型，对大量栖息于咸淡水宍道湖中的日本蚬改变水质分布和物质循环机制的情况进行研究，将记录这些调查结果的文献[24,25,26]进行重新整理和总结。日本蚬只栖息于宍道湖较浅的沿岸区域，湖内水质的水平分布表现出明显的特点。叶绿素a所代表的浮游植物和悬浮物浓度在沿岸区域较低，在湖中心区域则呈现出高浓度，这是由于日本蚬活跃的过滤作用造成的。相反，营养盐浓度在沿岸区域较高，在湖中心区域较低，这是由于沿岸区域日本蚬的排泄和湖中心区域浮游植物摄取营养盐造成的。而且，在稳定的气象条件下，沿岸区域的水质表现出明显的日周期变化，从夜间到早晨，叶绿素a浓度减少，透明度增加。但是，白天再度出现悬浮物浓度增加的情况。从湖岸区域的连续监测结果可看出，随着夜间温度降低产生的垂直对流将浮游植物有效地提供给了日本蚬，且受地形性蓄热效果的影响，沿岸区域和湖中心之间产生了环流，浮游植物被运移到日本蚬栖息的沿岸区域，同时日本蚬排泄的营养盐被运入湖中心区域，促进了浮游植物的生长。也就是说，通过湖内的水流和食物链的物质循环，生态系统发挥着自然净化的功能。

　在作为日本蚬栖息场地的很多半咸水湖沼以及作为蛤仔栖息场地的沿岸海域，受盐度环境差异的影响，生物也存在差异。但是，在整个生态系统中，具有共同的特性和问题。如以双壳类为主的底栖生态系统，近年来面临富营养化和栖息环境恶化、捕捞量减少等问题。因此，本项研究虽然是针对宍道湖的个案研究，但是对沿岸海域生态系统的退化机制和生态系统恢复等方面，有很大的参考价值。例如，贫氧水团的迅速扩大包含着生物栖息场地缩减，生态系统恶化等一系列恶性循环过程。随着营养盐供给的增加，浮游植物增殖，这些生物的尸骸沉降等又导致氧消耗增加，底层水贫氧化，贫氧环境下沉积物溶出的营养盐增加，营养盐供给增加使得浮游植物也进一步增加。相反，通过高质量的恢复，透光层以上的水域面积扩大，能够促进双壳类等底栖生态系统发挥净化作用，抑制浮游植物的异常增殖，减少湖沼和沿岸海域较深区域的有机物沉降量，抑制贫氧区的扩大，维持或扩大良好的生物栖息地，并据此发挥作用，转变为健康的良性循环的生态系统。

参 考 文 献

1) 中村幹雄：汽水湖の生物と漁業，アーバンクボタ，32，14-23（1993）.
2) 山室真澄：感潮域の底生動物，西條八束・奥田節夫編「河川感潮域」，名古屋大学出版会，1996，pp.151-172.
3) 山室真澄：食物連鎖を利用した水質浄化技術，化学工学，58，217-220（1994）.
4) M. Nakamura, M. Yamamuro, M. Ishikawa, and H. Nishimura: Role of bivalve Corbicula japonica in the nitrogen cycle in a mesohaline lagoon, Mar. Biol., 99, 369-374（1988）.
5) 山室真澄ほか：富栄養化湖沼における食物連鎖を利用した水質浄化技術に関する研究，平成10年度国立機関公害防止等試験研究成果報告書，49-1，49-31（1999）.
6) 湖沼総合レビュー調査宍道湖・中海班（代表：相崎守弘），平成16年度湖沼水質保全対策・総合レビュー検討調査報告書，2005，408 pp.
7) 藤井智康・奥田節夫：中海・宍道湖における連係振動－解析解に基づく理論的考察，陸水学雑誌，56，291-296（1995）.
8) Y. Sampei, E. Matsumoto, T. Kamei, and T. Tokuoka: Sulfur and organic carbon relationship in sediments from coastal brackish lakes in the Shimane peninusula district, southwest Japan, Geochem. J., 31, 245-262（1997）.
9) 中村由行・石野　哲・高尾　彰：宍道湖・中海水系への汚濁負荷量の長期的な変遷について，第40回日本水環境学会年会講演集，2006，p.117.
10) 平塚純一・山室真澄・石飛　裕：アマモ場利用法の再発見から見直される沿岸海草藻場の機能と修復・再生，土木学会誌，88，79-82（2005）.
11) M. Yamamuro, J. Hiratsuka, Y. Ishitobi, S. Hosokawa, and Y. Nakamura: Ecosystem shift resulting from loss of eelgrass and other submerged aquatic vegetation in two estuarine lagoons, Lake Nakaumi and Lake Shinji, J. Oceanogr., 62, 551-558（2006）.
12) 作野裕司・高安克巳・松永恒雄・中村幹雄・國井秀伸：宍道湖における衛星同期水質調査，LAGUNA，3，57-72（1996）.
13) 中村由行・F. Kerciku・井上徹教・柳町武志・石飛　裕・神谷　宏・嘉藤健二・山室真澄：汽水湖沼沿岸部における水温・水質構造の日周変化，水工学論文集，41，469-474（1997）.

14) M. Yamamuro, M. Nakamura, and H. Nishimura: A method for detecting and identifying the lethal environmental factor on a dominant macrobenthos and its application to Lake Shinji, Japan, *Mar. Biol.*, 107, 479-483 (1990).

15) M. Yamamuro, and I. Koike: Diel changes of nitrogen species in surface and overlying water of an estuarine lake in summer: Evidence for benthic-pelagic coupling, *Limnol. Oceanogr.*, 39, 1726-1733 (1994).

16) 中村由行・F.Kerciku，二家本晃造・井上徹教・山室真澄・石飛 裕，嘉藤健二：二枚貝が優占する汽水湖沼の水質のモデル化，海岸工学論文集，45，1046-1050 (1998).

17) 中村由行・F.Kerciku，井上徹教・二家本晃造：汽水湖沼におけるヤマトシジミの水質浄化機能に関するボックスモデル解析，用水と廃水，40，18-26 (1998).

18) 中村由行・奥宮英治・中山恵介：湖沼の平面的な水塊分布構造に及ぼす水表面熱収支の影響，海岸工学論文集，48，1051-1055 (2001).

19) 嘉藤健二・神門利之・景山明彦・芦矢亮・石飛 裕：宍道湖・中海水質調査結果（平成8年度），島根衛生公害研報，38，111-114 (1996).

20) Y. Ishitobi, M. Kawatsu, H. Kamiya, K. Hayashi, and H. Esumi: Estimation of water quality and nutrient loads in the Hii River by semi-daily sampling, *Jap. J. Limnol.*, 49, 11-17 (1988).

21) K. Nakata, F. Horiguchi, and M. Yamamuro: Model study of Lakes Shinji and Nakaumi – a coupled coastal lagoon system, *J. Mar. Sys.*, 26, 145-169 (2000).

22) 中田喜三郎・山室真澄：閉鎖性沿岸域の生態系と物質循環【最終回】宍道湖・中海を対象とした生態系モデル－懸濁物食性二枚貝の効果，海洋と生物，26，267-278 (2004).

23) 井上徹教・山室真澄：閉鎖性沿岸域の生態系と物質循環【9】濾過食性二枚貝ホトトギスガイの呼吸及び懸濁物摂取速度，海洋と生物，26，62-68 (2004).

24) Y. Nakamura, and F. Kerciku: Effects of filter-feeding bivalves on the distribution of water quality and nutrient cycling in a eutrophic coastal lagoon, *J. Mar. Sys.*, 26, 209-221 (2000).

25) 中村由行：汽水域における自然浄化機構について－宍道湖を例に－，水環境学会誌，22，19-22 (1999).

26) 中村由行：閉鎖性沿岸域の生態系と物質循環【10】富栄養化した汽水湖における栄養塩循環と水質分布に関わる懸濁物食性二枚貝の効果，海洋と生物，26，168-176 (2004).

第9章　英虞湾修复项目的开展和未来展望

松田治*

9.1　项目整体情况及其背景

9.1.1　英虞湾发生了什么

以伊势志摩半岛的英虞湾为研究海域，开展非常独特的生态修复试验，通称为"英虞湾修复项目"。试验最核心的是产官学和三重县地区合作的集中型共同研究项目——"封闭性海域生态修复"。该项目是在国立公园内的英虞湾自然环境日益恶化的前提下，以及在该项目开始前当地已积极采取措施的基础上设立的。在这个项目中，研究活动、技术开发与行政管理等都与当地的活动密切相关，掌握英虞湾的现状，可推进浅海海域海陆一体化修复。另外，与当地志摩市合作，开展了以培养下一代为目标的环境教育措施，相比于以前的研究模式，更为广泛和实际，能够成为小规模封闭性海域的生态修复范例。

英虞湾位于伊势志摩国立公园的中心区域，除因珍珠养殖而著名外，还有里亚斯型内湾形成的风光景观，是著名的旅游胜地，吸引了很多游客。但是，在这个封闭性较强的内湾，贫氧水团、*Heterocapsa* 等有害赤潮的发生、底质恶化等问题正逐渐变得严重。近年来，珍珠养殖的产量和产值都呈现出减少趋势。

在过去约25年里，以化学需氧量为指标监测底质的常年变化，发现底质逐年恶化。实际上，在海湾深处蓄积了较厚的淤泥。若对 COD 值超过 30 mg/g（干重）的区域进行疏浚作业，这些区域约为 800 hm^2，约占英虞湾总面积（2 600 hm^2）的 30%。底质污染的原因目前没有定量结果，但初步分析，主要原因包括：流入负荷和珍珠养殖的影响、浅海海域面积丧失导致自然净化能力降低和水动力环境的变化。这些原因的综合作用，使有机物负荷超过了海水净化能力，因此，必须恢复英虞湾承担有机物分解的自然净化能力并削减过大的负荷。

目前还没有项目将英虞湾的浅海海域丧失和环境改变的影响列为研究对象。在里亚斯型海湾深处，填海造陆和环境改变的影响可能更大。如果乘船沿岸线环绕英虞湾一

---

* 三重县地区合作型共同研究项目"封闭性海域生态修复"。

周，会发现海湾几乎所有的自然海岸全部丧失。海湾顶部受历史填海造陆影响已被转用为农地，或是被防波堤拦截，其内部变为湿地和荒地的情况也不少。

正确评估长年养殖珍珠对英虞湾造成的环境影响是必要的。与没有进行珍珠养殖的时代相比，马氏珍珠贝的粪便对底质造成的影响和大量养殖设施对水动力造成的影响都不能忽视。进行马氏珍珠贝养殖管理时，频繁进行的"贝扫除"使得附着在马氏珍珠贝上的有机物被清理下沉，也增加了海底的负荷。

9.1.2 英虞湾"健康诊断"结果

处于前文所述状态下的英虞湾，其更为客观的健康诊断报告会是什么样的呢？可以看一下将"海洋健康诊断"[1,2]应用于英虞湾的首次检查诊断结果。所谓"海洋健康诊断"与人类的健康诊断一样，由相当于定期健康诊断的一次检查和在一次检查中怀疑有问题时实施的相当于精密检查的二次检查构成。一次检查由"生态系统稳定性"和"物质循环顺畅性"两部分组成，前者按照"生物组成""栖息空间""栖息环境"3个指标进行检查诊断，后者按照"基础生产""负荷与海水交换""沉积与分解""清除"4个指标来进行检查诊断。首先对一次检查诊断记录结果进行介绍。

通过一次检查诊断（图9.1）来看，在作为检查对象的6个评估轴内，除栖息空间为B级外，其他5个指标全部为C级，从而可以看出英虞湾存在的问题很严重。与全部都是C级的东京湾相比，稍强一些。但是，在全国88处封闭性海域中，位于国立公园内的英虞湾的健康状态也是排在后面的。虽然这种健康诊断方法还存在有待完善的地方，但是这一结果也能说明英虞湾的健康状态已存在非常严重的问题。

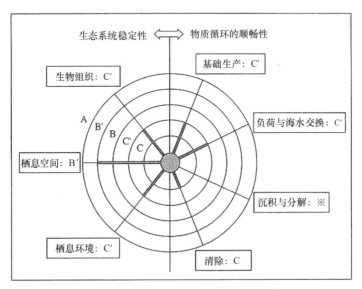

图9.1 英虞湾"健康诊断"结果的一次诊断记录

9.1.3 "封闭性海域的生态修复"项目

以英虞湾现有状况为背景，开始实施了前文所述的"封闭性海域的生态修复"项目（2003—2007）。该项目是科学技术振兴机构[3]的公募型项目，集中了当地的大学、研究开发型企业、政府设立的试验研究机构等研究力量，其目的在于通过共同研究开发出独创的新技术和新产业。预算方面由日本政府和地方（当地）各自承担一半，地方包括县和企业在内。项目结束之后，希望能形成当地的研究开发基地和作为人才培养场所的 COE（Center of Excellence，卓越中心），使得项目的成果能够在当地持续利用下去。

在这个项目中，希望通过有效利用长年沉积在海底的泥状沉积物质，建造集人工潮间带、藻场一体化的浅海海域来提升自然净化能力，同时确立环境协调型养殖系统，建设出能够兼顾海域环境保护和珍珠养殖的新环境。构想能将长期的技术开发成果应用并解决封闭性海域内外物质迁移的问题。另外，笔者还担任这个项目的新技术代理人。

该项目主要包括两个研究课题：课题Ⅰ"建造新内海"和课题Ⅱ"英虞湾环境动态预测"。课题Ⅰ"建造新内海"的具体内容为：定量评估潮间带、藻场等所具有的自然净化能力和生物生产能力，为了最大限度地发挥净化能力，作为从陆地至浅海海域一体化系统，开发以自然恢复为目的的技术。而且还要开发纳入环境因素的与之相适宜的环境协调型珍珠养殖技术。另外，将疏浚泥作为"含有大量有机物的未利用资源"，与其他产业产生的粉煤灰等配合进行固化制造陶粒，实现有效利用，开发出作为浅海海域新的建造材料再利用技术[4]。在课题Ⅱ"英虞湾环境动态预测"中，开发出实时监控英虞湾水质变化的自动监测系统和环境预测模型。自动监测系统已经设置完毕，正在持续运行，利用这个系统正在开发预测模拟模型。模型完成后，将用于物质循环的解析、水质预报等环境动态的预测及藻场、潮间带等环境改善技术的评估。而且还计划构建上述成果的信息发布系统。

9.2 适合"新内海"的潮间带建设方法

9.2.1 对"新内海"这一目标的构想

在这个项目中，根据在沿岸海域打造"新内海"这一目标，提出了"通过人工修复方法，维持生物生产力和生物多样性这两方面的良好发展"。另外，在"海洋健康诊断"中，指出了"生态系统稳定性"和"物质循环顺畅性"的重要性。尽管一眼望去英虞湾景观非常优美，但是赤潮的发生损害了"生态系统稳定性"，而且海湾深处很多区域被防波堤切断，导致失去了"物质循环顺畅性"。为了恢复受损的英虞湾健康状态，怎么做才能恢复"生态系统稳定性"和"物质循环顺畅性"呢？本节将介绍以浅海海域为主的恢复"生态系统稳定性"和"物质循环顺畅性"的方法。具体而言，将通过建设人工潮间带来提高潮间带生物的生产力和多样性。

9.2.2 消失的潮间带和被切断的生态系统

(1) 防波堤导致潮间带丧失

因里亚斯型海岸而闻名的英虞湾，有很多细长的小海湾。从遥感影像来看，英虞湾有很多细分的海湾，其末端部分像是"毛细血管"（图9.2）。但是，这些毛细血管的末端很多因被防波堤拦截而处于功能性"坏死"状态。

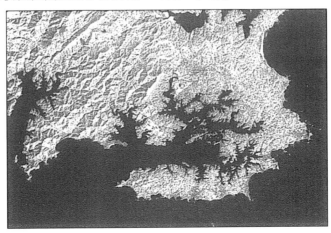

图9.2 英虞湾和里亚斯型海岸线的遥感影像

国分[5]为了掌握英虞湾的潮间带面积，使用飞机上搭载的多光谱扫描仪（MSS），在2004年7月涨潮时和退潮时对其进行了拍摄。根据各个MSS的近红外（756.2~770.8 nm、919.0~976.0 nm、993.0~1 081.0 nm）图像对海域和陆域进行区分，从其差分中筛选出潮间带面积。关于潮间带的形态，通过MSS图像解析和实地调查，将其分为河口潮间带、海湾顶部区域的前滩潮间带、堤防内湿地（背后湿地）和人工潮间带，计算出各自的面积。对于已分类的各个潮间带，在具有代表性的区域设置监测点，每个季节都调查底质和底栖生物的变化。底质调查主要包括：粒度分布、含水率、强热减量（IL）、氧化还原电位（ORP）、pH值、COD、总硫化物（TS）、总氮。底栖生物调查包括个体数量、种类数、湿重量等。

根据结果估算，英虞湾现存的潮间带总面积约为 $0.84\ km^2$，其中河口潮间带为 $0.03\ km^2$，前滩潮间带为 $0.81\ km^2$。另外，过去属于潮间带的堤防内湿地面积为 $1.85\ km^2$，其中，现在作为耕地利用的面积为 $0.31\ km^2$，作为荒地闲置的面积为 $1.54\ km^2$。英虞湾的海域面积约为 $27.1\ km^2$，据此可以推算现存的潮间带约为海域面积的3%，过去潮间带面积为海域面积的10%，也就是说，英虞湾内约有70%的潮间带已经消失，即前文所述的"毛细血管"的70%处于"坏死"状态（图9.3）。另外，英虞湾的潮间带面积曾经达到海域面积的10%，这一比率能与具有大面积潮间带而闻名的有明海潮间带（12%）相提并论，远远超过东京湾（约1%）、伊势湾（约0.8%）的比例，这意味着潮间带在英虞湾承担着重要的作用。

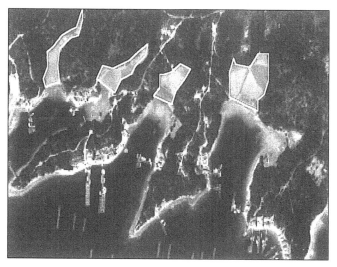

图 9.3 受填海造陆和防波堤影响的湾顶区域环境改变状况
（白线包围的部分曾经是海湾的一部分）

（2）由防波堤引发的生物贫乏

将底栖生物按照食性分为5种，包括悬浮食性、表层沉积食性、底层沉积食性、腐食性、肉食性，对各类潮间带不同食性的底栖生物的分布情况进行调查，其结果如图9.4所示。各类潮间带的底质如表9.1所示[5]。在河口潮间带，因来自河流的泥沙和营养物质的流入，砂泥质潮间带中有机物含量较多，该区域栖息了从悬浮食性到肉食性的多种生物，个体数也是最多的。前滩潮间带属砂砾质，占英虞湾的面积比例较大，有机物含量少，因此，长期栖息于该区域的生物以从海水中获得营养的悬浮食性生物为主体，个体数也少。另外，在堤防内的湿地，由于水交换能力比较差，底质属还原性，栖息于该区域的底栖生物最少。在添加了疏浚泥的人工潮间带，通过一定比例混合，增加底质中的有机物含量，该区域除悬浮食性生物外，表层沉积食性生物也增加了。以上是国分等[6]的研究结果。

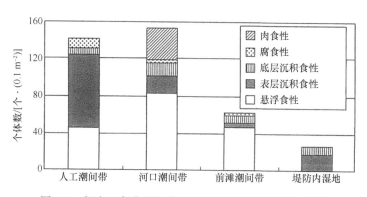

图 9.4 栖息于各类潮间带的不同食性底栖生物的个体数

表 9.1　各形态潮间带的底质环境特点

	人工潮间带	现存潮间带		消失潮间带
	疏浚土 30%	河口潮间带	前滩潮间带	堤防内湿地
外观性状	砂泥质	砂泥质	砂砾质	泥质
含泥率（%）	47.30	46.30	13.40	74.20
COD/（mg·g^{-1}）	13.90	24.50	6.80	47.80
AVS/（mg·g^{-1}）	0.05	0.15	0.11	0.34

根据上述内容可以发现，在防波堤内的湿地，COD 和 AVS（酸挥发性硫化物）非常高，受富营养化影响，变为还原性底质环境，因此生物明显贫乏。与此相反，在防波堤前面的前滩潮间带，因流入的营养物质停留在防波堤内，因此呈现出相对贫营养化的状态，COD 和 AVS 处于较低水平，与河口潮间带相比，生物个体数量明显较少。可见，防波堤的内部和外部的关联性被切断，内部处于富营养状态，外部处于贫营养状态。受此影响，防波堤两侧的生物都出现了贫乏趋势。这种现象被认为是防波堤将生态系统和物质循环系统切断所致。

9.2.3　人为措施丰富前滩潮间带生物多样性

（1）试验性增加生物个体数和种类数的研究

英虞湾修复项目的目标是，计划恢复前文所述的被切断的物质循环系统，建设富饶的内海。为实现这一目标，研究内容之一就是把不必要的防波堤拆除，以此来恢复环境。"防波堤内换水试验"是这项研究的初始阶段。所谓的"防波堤内换水试验"，是一项独特的现场试验，旨在实际验证防波堤对周边环境造成的影响。从 2005 年开始进行，根据外部潮汐变化，人为地将海水导入失去海水交换能力的防波堤内部，或是将防波堤内部的水排出。现正在进行试验结果分析，但基本可以确认，通过引入海水能够改善防波堤内的环境和生物多样性。

另一方面，在稍微靠近海洋一侧的海底，蓄积着含有富营养、还原性的污泥。也就是说，防波堤前方的前滩潮间带和海洋一侧较深的区域之间出现了两极分化。因此，第 2 项研究就是将这一深度的富营养淤泥疏浚清除，同时将这种富含有机物的疏浚泥添加到相对贫营养化的前滩潮间带底质中，尝试通过人为方法使生物多样性变得丰富。

图 9.4 表示将疏浚泥添加到贫营养化的潮间带底质后的变化。根据这个图可以看出，通过添加疏浚泥，生物的个体数增加到与天然营养丰富的河口潮间带同等的级别。国分等[6]通过现场试验证明：如果将疏浚泥以适当比例混入前滩潮间带的砂砾质底质中，则单位面积的底栖生物平均个体数和种类数都出现增加的现象。也就是说，该区域适合底栖生物（大型底栖生物）生存的底质条件：COD 为 3~10 mg/g（干重），黏土淤泥含量为 15%~35%。从 COD 与黏土淤泥含量的关系来看，具有非常高的相关性，所以在建设人工潮间带时，通过对上述某一方进行设定，就能够营造适宜的潮间带。根据上述数据来看，使用英虞湾的疏浚泥营造人工潮间带时，疏浚泥的最佳混合比例约为

20%~30%。

除了潮间带营造方法外，还开发了渔业从业者和居民容易参加的大叶藻海草床修复技术。大叶藻海草床栖息着很多叶上动物，所以，如果在潮间带修复大叶藻海草床，就能创造出多样的生物栖息环境。

(2) 英虞湾生态修复

根据目前已了解的情况，列举出英虞湾生态修复方法的要点。这些要点都能够为"新内海"的建设提供指导。

①在存在于湾顶区域的多数防波堤内部，富营养化问题日益严重，生物生产能力和水体净化能力衰退。

②防波堤前方（海洋一侧）的前滩潮间带，因营养物质蓄积于堤防内，导致出现了相对贫营养化。

③通过构筑防波堤使水动力和流入负荷结构发生变化，向海一侧的一定水深区域，淤积着营养丰富的淤泥。

④如果能将疏浚泥作为资源加以有效利用，则在改善防波堤内湿地环境的同时，还能够提高相对贫营养化的前滩潮间带的生物多样性。

⑤提升潮间带的生物生产力和生物多样性有助于建设"富饶的内海"。

⑥如果恢复被防波堤阻碍的水动力，修复防波堤内部潮间带和藻场，则能够同时实现防波堤内外生态系统的改善。

⑦通过环境改善，能够促使陆地到海洋的连通性，具体来说，就是物质的移动、水的流动、生态系统的联系、生物的移动等，可以变得顺畅，使物质循环顺畅性得以恢复。

⑧通过浅海海域净化能力的增加、水动力状况的改善，可以提升深海的沉积物质量。

⑨以上生态修复方法无须从陆地携带大量材料和能源等进入海域。

在④中提到的淤泥疏浚，是极为对症的环境改善方法。但这种方法并不能根本消除海底泥质淤积，而且成本也高，所以笔者并不是完全支持这种方法。但是，从现实来看，疏浚不仅限于英虞湾，还可作为公共事业被广泛实行。在现实情况下，有效利用这一方法是比较好的。

将上述要点做成模式化概念图，如图9.5、图9.6所示。图9.6是概念图，数据的分布大致与实际计算的生物多样性指数的分布相对应。从图9.6可以看出，将富含有机物的疏浚泥添加到有机物较少的堤防前滩潮间带，能够增加生物多样性；另外，通过减少防波堤后方区域的有机物，能够增加生物多样性。也就是说，从这个图来看，理论上可通过对潮间带进行适当的人工修复，提高潮间带生物的生产力和多样性，具备丰富生物相的潮间带的生物净化功能也有望得到提高。实际上，在添加了疏浚泥的人工潮间带，初级生产速度和氧消耗速度与对照潮间带相比都有所增加。也就是说，通过适当的人工干预，能够增加"生态系统稳定性"和"物质循环顺畅性"，可创造"富饶的内海"。这一目标在潮间带试验中得到了证实。

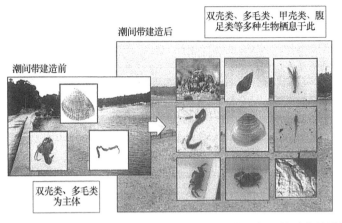

图 9.5 模式化展示通过添加疏浚泥使前滩潮间带底栖生物种类数增加

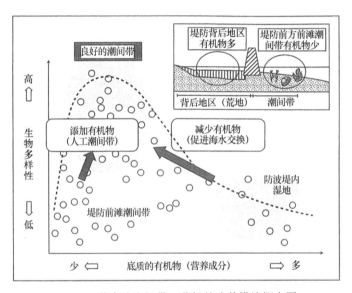

图 9.6 英虞湾潮间带、藻场的改善措施概念图

9.3 从环境监测到环境动态预测

9.3.1 英虞湾修复项目中环境监测的定位

"英虞湾的环境动态预测"（课题Ⅱ）在英虞湾修复项目中是与"建设新内海"（课题Ⅰ）并列的主要课题。本章将对已设置完成并正在进行水质和水动力状况持续性监测的自动环境监测系统和开发中的环境动态预测系统进行介绍。在英虞湾内设置 5 个水质自动监测站点（监测项目为：水温、盐度、溶解氧、浊度、叶绿素 a）和 2 个自动流速流向观测站点，每小时获取 1 m 深处的数据。观测数据通过互联网发布，所以不仅

已经被利用于珍珠养殖管理，而且在科学研究、实践应用等方面也得到有效利用。

9.3.2 自动观测系统概况

水质自动观测系统由 5 部分组成，包括湾口部分的观测浮标以及布设在海湾中部（风筝）、海湾深处（立神）、神明、船越等处的观测筏。只有湾口部分的观测系统采用浮标形式，这是由于湾口的波浪条件与湾内相比明显较差。另外，海湾中部的海底设置了 2 台超声波流速计（ADCP）[7,8]，用来观测水流状况。

自动观测系统的整体概念见图 9.7。5 个观测设施的观测数据和设备运行信息（故障等）通过 DoPa 网被送到日本电信电话公司，经由互联网传送给中心研究室的观测电脑。在中心研究室，将观测电脑收到的数据编入数据库并进行积累管理，对数据进行加工后在互联网上实时发布①。

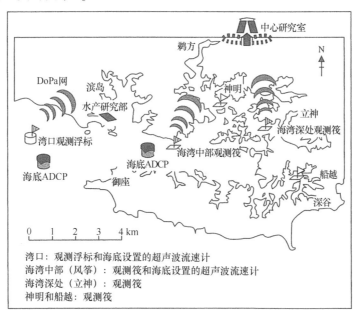

图 9.7　自动观测系统的整体概念图

9.3.3 英虞湾环境特征

利用 3 年来自动观测系统所获得的观测数据，分析英虞湾的主要海洋环境特征[9]。其中海水交换的特点分析数据主要来自海水流速、流向的观测结果。观测数据的分析结果如图 9.8 所示。

---

① 在查看来自自动观测系统的实时观测数据时，如果用电脑登陆，URL 为 http://www.agobay.jp/agoweb/index.jsp；用手机（imode）登陆时，URL 为 http://www.agobay.jp/agoweb_i/index.jsp。

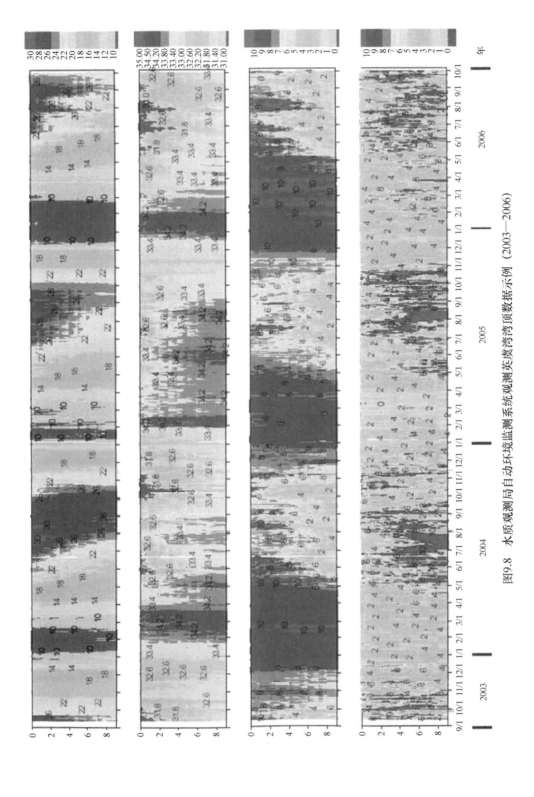

图9.8 水质观测局自动环境监测系统观测菜屿湾湾顶数据示例（2003—2006）

(1) 水温、盐度、密度结构

①夏季，越靠近湾顶水温越高，盐度越低，湾顶低盐度化趋势在鹈方浦和神明浦最强。冬季，越靠近湾顶水温越低，立神浦比湾口部分要低5℃左右。

②温度跃层（表层和底层的水温差在1℃以上）大致发生在5月至10月初，盐度分层（表层和底层的盐度差在1以上）大致在4月至11月产生。因此，盐度分层比温度跃层持续时间要长。

③海水密度与盐度在垂直分布和季节变化方面比较类似，从对英虞湾海水密度结构造成的影响来看，盐度的影响比水温的影响更强。

④严冬期（1月、2月）从湾口区域至海湾中部形成了密度锋面，相关地点密度极大。

(2) 贫氧水团的产生

①因降雨引发的淡水流入，在海湾深处的中低层都观测到了贫氧化现象。据了解，这种现象是由于浮游植物增殖后沉降和盐度分层导致垂直混合变弱引起的。

②2005年湾顶中底层的贫氧化发生了3次，分别发生于梅雨期（6月）、台风期（8月）、秋雨期（10月）。

(3) 浮游植物增殖

①在湾顶区域，浮游植物的增殖发生在水温较高的5—10月，冬季几乎不会产生。而在湾口区域，2月下旬是硅藻繁盛期，夏季增殖不像冬季那么明显。海湾中部具有上述两者折中的特性。

②夏季在湾顶的底层观察到了涡鞭毛藻类的大规模增殖和明显的日周期垂直移动。涡鞭毛藻在贫氧水团的周边区域（DO浓度为4 mg/L）呈高密度分布。

③根据湾顶观测站的观测数据，发现了数例因降雨引发的淡水流入引起的浮游植物增殖，浮游植物的光合作用使氧浓度增大，随后浮游生物沉降。

(4) 浊度

①夏季在海湾中部和湾顶的底层观察到浊度增加的趋势。这一趋势与浮游植物的增殖期是一致的。因此推测浮游植物的增殖导致浊度增大。

②强风等导致海上波涛汹涌时浊度急剧增加及随后衰减的情况。

③在海湾中部和湾顶，大潮期，将海底沉积物卷起的力量很强，沉积物再次悬浮使得底层浊度增大。另外，在海湾中部从涨潮到涨满时，在湾顶从退潮到枯潮时，观测到了卷起力量极大的现象。

(5) 海水交换

①严冬期（1—2月）：西北风引发的风生流循环占绝对优势，表层流入和底层流出产生了强大的海水交换。

②春季（3—4月）：西北风较弱，受气温上升和淡水流入影响，形成了较弱的分层，开始出现低盐度水表层流出引发的海水循环。

③初夏（5—6月）：推测为伊势湾水系的低盐度水汇集在湾口，湾口的盐度垂直坡度出现了最大化。受此影响，形成了低盐度水表层流入、高盐度水底层流入、湾内水中层流出的形态。

④夏季（7—9月）：受风带来的表层水的埃克曼输送作用的影响，低盐度水在湾口

表层汇集,与湾口底层的高盐度水涌升反复交互地发生着。湾口底层的高盐度水涌升时,高盐度的较重的海水侵入到湾内的底层,进行了比较强烈的海水交换。

⑤从秋季到冬季(10—12月):受气温降低引发的海水表层降温的影响,原来形成的分层现象解体,垂直混合扩大。湾外的盐度与湾内相比要高,底层流入、表层流出的海水交换形态比较活跃。西北风的吹送作用会减弱这种垂直交换,所以海水交换主要在西北风较弱时进行。

9.3.4 环境动态预测系统开发

作为整个项目,根据水质和水动力自动观测数据,开展环境动态模拟试验,推进水动力模型和生态系统模型的开发(图9.9)。其中,利用三维水动力模型,对英虞湾内物质循环所必需的水文特征进行高精度预测。另外,利用生态系统模型,掌握了英虞湾内的碳、氮、磷的循环模式以及定量预测了英虞湾特有的珠母贝养殖对物质循环造成的影响。

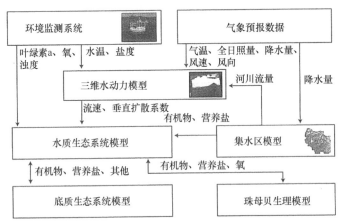

图9.9 英虞湾环境动态预测系统概念图

这些模型被用于物质循环的研究和环境改善效果的评估,例如判定人工潮间带和大叶藻海草床修复效果和珠母贝适宜养殖量的估算等。拟利用该模型进行水质的预测,具体来说,就是将环境监测系统的观测数据作为输入数据,对区域未来几天的水动力和水质进行预测。预测内容是:外海水的侵入及随之产生的贫氧水团的移动、赤潮规模的扩散等。如果这些预测得以实现,对英虞湾珍珠养殖管理是极为有益的。

9.4 多个组织的合作

9.4.1 多个组织合作的重要性

在推进区域生态修复方面,经常会说"多个组织的合作是不可或缺的"。以《自然再生推进法》为首的很多新制度也将多个组织的合作作为条件。但是，多方合作实际上并不简单。由于并没有明确的合作框架和合作机制，在实际运行阶段往往很难进行下去，在某个项目上草草而终的情况并不少。在英虞湾的生态修复中，多个组织的合作也是最大的问题。

英虞湾修复项目原本是产官学民等多种组织参与的合作项目，直接的研究成员包括大学、国家和县的研究机构、民间企业等。此外，在提供建议和促进交流的多个支撑单位中，还加入了环境省、三重县和当地志摩市等行政机构、渔协相关人士和民间组织。因此，与以前组织形式相比，数量要多出很多，这些组织成为项目的积极推动者。尽管如此，由于该项目属于共同研究型项目，所以产官学特别是以研究人员为主的配合性要求很高。坦率地说，当地居民与当地组织的合作性仍然很差。

9.4.2 合作的舞台——"英虞湾修复思考"专题研讨会

(1) 从"通知"到"意见交流式思考"专题研讨会的转变

以前能推进多方合作的是被称为"英虞湾修复财团"的 NGO 组织。这个组织以当地的珍珠养殖者组成的立神珍珠研究会为核心，加上各种各样的成员构成。

该组织最著名的活动就是一年一度的"英虞湾修复思考"专题研讨会，至 2007 年 2 月已举办了 7 届。回顾这个研讨会的发展历程，可以看出研讨会的影响力逐渐扩大。

例如，该研讨会在第 1 届（2001 年）时只有立神珍珠研究会参与。但从第 2 届起英虞湾修复财团加入，并成为主办方。从第 4 届起三重县和科学技术振兴机构也加入进来；在第 6 届，志摩市和水产厅也加入进来成为共同举办者，环境省也开始提供支持。

该研讨会研讨的内容也在不断变化。在第 3 届之前，以调查报告和演讲为主；从第 4 届起，每次还进行分组讨论。这种变化可以说是从"通知活动"转变为"意见交流式思考活动"。另外，分组讨论的主题顺序为"英虞湾修复与行政机构的合作"（2004 年）、"英虞湾生态修复中居民和行政机构的共同行动"（2005 年）、"生态修复的方式和当地措施"（2006 年）、"关于设立英虞湾生态修复协商会"（2007 年）。从这些主题也可以看出，主办方确实非常重视多方合作、共同行动和地区措施等。专题小组讨论的参加人员也根据主题从行政负责人、议员、市长等扩大到研究人员、珍珠养殖者、当地的 NGO 等各方面的人士。

(2) 关于设置"生态修复协商会"

2003 年开始的地区合作项目也与第 3 届之后的专题研讨会密切相关。"以'民'为中心的英虞湾修复财团"和"以产官学为中心的地区合作"相互融合发挥的作用非常大。为什么这样说呢？因为除了这个研讨会，没有其他任何对英虞湾进行综合思考和研究讨论的组织。而且，根据 2007 年的主题可以了解，"英虞湾修复'思考'专题研讨会"实际上已经转变为"英虞湾修复'实现'专题研讨会"。而且，根据这种情况，以志摩市为中心的"英虞湾生态修复协会（临时名称）"也将成立。

9.4.3　英虞湾修复项目和当地志摩市的合作

志摩市行政部门正在将地区合作项目的成果推广运用到更大范围的英虞湾修复活动中。目前项目方与志摩市也正在探索各种各样的合作方式，2005年底制定并公布的"志摩市综合计划（2006—2015）"更好地体现了该项目成果。

在综合计划的第1章"环境的目标——与自然共生"中，阐述了"自然保护修复推进"的重要性，并且从开始就强调要推进合作，认为"在美丽的自然环境中生活下去，同时促进海、山资源的可持续利用，就必须采取措施，提高每一位市民对身边自然环境的关心程度。同时以志摩自然保护官事务所为首，加强与各个相关机构的合作，努力实现自然保护修复"。而且还宣称"目前正在开展以三重县产业支援中心为核心的'英虞湾修复项目'，今后还必须与地区的多个主体合作，共同致力于生态修复"。

另外，关于今后实施的修复措施，该计划还明确写道："为了有效利用'英虞湾修复项目'的成果，将与地区组织和相关机构加强合作，以设立基于《自然再生推进法》的地区生态修复协商会为目标，不断采取措施，致力于自然环境的保护。"市政府的综合计划经市议会讨论后公布，这确实是迈出了非常大的一步。

9.4.4　地区环境教育和研究的合作

在英虞湾修复项目中，派遣讲师以多种多样的形式实施英虞湾环境教育。本节以立神小学的环境教育措施为例，介绍地区的环境教育和研究工作的合作状况。志摩市立神小学从2000年起，在综合性学习课程中，通过与当地居民的合作，引进了学习关于珍珠和牡蛎养殖相关知识的养殖体验课，以此为契机，开始学习海洋环境知识。另外，从2000年起，立神珍珠研究会呼吁立神小学参加将蛤仔投放到用疏浚泥建造的潮间带[10]的试验，对当时4年级学生投放的蛤仔种苗进行了为期两年的跟踪调查。地区合作项目开始之后，进行了形式多样的环境教育，如通过观察潮间带和底栖生物，对沿岸环境进行思考[11]。这样一来，将学校方希望推进环境教育的意向与项目方希望将研究成果应用到当地的意愿联合到了一起。

2005年7月和9月，在立神地区实施了环境省主办的"儿童国立公园管理员项目"，从行政机构、学校相关人士、专家到当地的志愿者，实际上不同领域的相关人员根据自己的专业特长，各自承担部分责任来共同推进一项事业，这种经验确实是环境教育中"多个组织合作"的一个典型事例。

但是，他们也逐渐认识到了要将这种环境教育扩大到英虞湾全域，必须制定有延续性的实践指南。这是因为派遣到不同的实践现场的研究人员所面临的情况是复杂多样的。恰好当时三重县环境森林部于2005年制定了"三重县环境教育实践方案集"，立神小学作为模范地区之一被选中。在志摩市教育委员会之下设立了方案制定委员会，该项目的委员参加了这个委员会，总结制定了实践指南。该实践指南是在此前实践案例的基础上增加通用性内容编写而成。编写完成后的实践指南被分发给全县的中、小学，正被广泛使用。

此外，立神小学在环境教育方面所采取的措施获得了高度评价，在 2006 年 "绿色之日"，该校校长以其对自然环境做出的贡献，获得了 "环境大臣" 的表彰。

9.4.5 英虞湾项目的国内外合作

（1）第 16 届 "沿环联" 联合研讨会和英虞湾修复项目

以 "沿环联" 之名而为世人所熟知的沿岸环境关联学会联络协商会的主题研讨会，2007 年 1 月 13 日在东京骏河台的日本大学理工学部举行。研讨会主题是 "英虞湾修复项目：地域合作型研究工作能解决环境问题吗"，用于解决问题的方法以及如何将研究成果用于实际的生态修复等问题成为讨论的焦点。英虞湾修复项目涉及领域广泛，成为多学科多角度讨论的对象，在这样的场合，作为项目方来说也是非常荣幸的。

（2）参加第 7 届世界封闭性海域环境保护会议

2006 年 5 月，在法国诺曼底地区卡昂市举行了第 7 届世界封闭性海域环境保护会议（EMECS7）[12]。英虞湾修复项目的研究总负责人加藤等 10 余人参加了此次会议，并交流了项目的很多研究成果。另外，志摩市市长竹内和事务官也出席了此次会议。在最后一天的总结讨论时英虞湾项目也被着重提及，"Sato Umi"（内海）的构想作为 "地方社区" 和 "沿岸环境" 共生关系的新方式获得了意料之外的肯定。

（3）参加日美 UJNR 研讨会

UJNR（US-Japan-Natural-Resource）是指日美两国政府间关于自然资源的联合会，其下属的水产增养殖专门分会（专题小组讨论会）第 35 届 UJNR 日美联合研讨会于 2006 年 11 月在英虞湾附近的日本水产综合研究中心养殖研究所召开。笔者受到此次研讨会的邀请，就英虞湾修复项目纳入 "内海" 的构想进行了主题报告和讨论。美国学者对这个问题也是非常关注。美方前分会长马克贝伊博士认为，美国的水产养殖也有必要向生态系统管理型（Ecosystem Based Management）转变，同时对考虑到生物多样性和生物生产力两个方面的 "内海" 构想做出了同样的说明。在以环境保护和生态修复技术为主题的会议上，来自项目方的国分研究员（三重县）和石樋研究员（养殖研究所）交流了项目的研究成果并进行了讨论。次日一行人还拜访了志摩市市长，向他表达了敬意。另外，在项目的中心研究室和藻场潮间带的试验现场进行了交流。

（4）参加韩国举行的国际研讨会

受韩国最大的海洋研究机构——韩国海洋研究院（KORDI）的邀请，参加了 2006 年 11—12 月在韩国安山市举行的 "河口沿岸区域的功能恢复和管理国际研讨会"，笔者作为英虞湾修复项目的代表和国分研究员受到邀请并在研讨会上做了报告[13,14]。韩国方面介绍了 KORDI 正在推进的河口沿岸区域的生态修复项目等，其内容与英虞湾项目有诸多共同之处，双方还就未来的合作进行了会谈。研讨会后，参观了与谏早湾比较相似的始华湖（截断海湾进行淡水化的旧海域）潮间带试验现场、环境教育设施等，受到了很多启发。

（5）与科威特环境厅的合作

科威特政府环境厅（EPA）与日本贸易振兴机构（JETRO）正在联合推进科威特湾环境改善。项目主要内容是 "建设潮间带" "自动环境监测" "人才培养"，这与英虞湾生态修复项目非常相似。2007年2月日方专家受邀参加了在科威特举行的研讨会，介绍了英虞湾的自动环境监测系统，并进行了信息交换。同年4月、8月，EPA的代理长官一行7人对英虞湾进行现场调研，双方的相关人士对共同面对的课题加深了认识。

预计今后类似的跨境合作将会越来越多。这也说明，封闭性海域的生态修复和功能恢复是当今世界各国共同关注的重要问题，推进国际性的信息交流和技术合作非常重要。

9.5　进一步深化合作和地区团结

本项目为了构建与地区合作的卓越研究基地（COE），致力于强化与多个组织的合作，参与环境教育系统的开发和国际信息传播等活动。与项目所在地志摩市政府积极协商，创造以志摩市为核心的英虞湾修复基地，通过与珍珠养殖者的进一步合作，推进鲍鱼贝壳的有效利用和藻类场地的建设等。最近的问卷调查显示，自动环境监测系统的数据正在被珍珠养殖者有效应用于养殖管理中。

志摩市目前正在筹备设立生态修复协会。基于《自然再生推进法》的生态修复协会邀请多种主体参与。志摩地区除了大学和民间的试验研究机构之外，还设有伊势志摩国立公园的自然保护官事务所。另外，将英虞湾附近的横山设置为访客中心，成为很多公园志愿者的活动基地。由官设民营的志摩自然学校策划的使用海上皮划艇进行英虞湾生态旅游活动也非常受欢迎。除此之外，在英虞湾周边还有多种多样的环保活动和自然观察活动。从某种意义上讲，英虞湾周边是由多样的群体组成的生态修复潜力非常高的区域。

通过将这些活动与前文所述的环境教育和地区合作项目的成果有机地联系起来，多个组织的合作能够在真正意义上使地区团结在一起。英虞湾生态修复充分地反映了民意，同时，也期待着能够作为区域自主型自然恢复的典范长期推进。

参 考 文 献

1) シップ・アンド・オーシャン財団：平成16年度全国閉鎖性海域の海の健康診断調査報告書，2005，383pp.
2) 海洋研究政策財団：海の健康診断，考え方と方法，2006，59pp.
3) （独）科学技術振興機構：閉鎖性海域における環境創生プロジェクト，CREATE・地域結集型研究開発プログラム，地域結集型共同研究事業平成18年度版，2006，pp.26-27.
4) 松田 治：英虞湾の再生③－浚渫泥を再資源化して利用する技術－，アクアネット，5，54-59（2006）.
5) 国分秀樹：英虞湾における干潟・藻場の消失と浅場再生へのとりくみ，（財）三重県産業支援センター編「英虞湾の再生を考えるシンポジウム2006」講演集，2006，pp.15-23.
6) 国分秀樹・奥村宏征・上野成三・高山百合子・湯浅城之：英虞湾における浚渫ヘドロを用いた干潟造成実験から得られた干潟底質の最適条件，海岸工学論文集，51，1191-1195（2004）.
7) 千葉 賢：英虞湾の海水交換に関する研究Ⅰ－走行型ADCPを用いた流動観測－，四日市大学環境情報論集，8，39-60（2004）.
8) 千葉 賢・山形陽一：英虞湾の海底設置型ADCPのオンライン化に関する有効性の研究－三重県地域結集型共同研究事業「閉鎖性海域の環境創生プロジェクト」に関連して－，四日市大学環境情報論集，8，163-174（2005）.
9) 千葉 賢・山形陽一・渥美貴史・加藤忠哉：環境モニタリングによる環境問題解決への貢献，第16回沿環連ジョイントシンポジウム「英虞湾再生プロジェクト～地域連携型の研究開発事業は環境問題を解決できるか～」，2007，pp.72-79.
10) 上野成三・高橋正昭・原条誠也・高山百合子・国分秀樹：浚渫ヘドロを利用した資源循環型人工干潟の造成実験，海岸工学論文集，48，1306-1310（2001）.
11) 奥村宏征・国分秀樹・坂田広峰・浦中秀人：地域の小学校が展開する環境教育，第16回沿環連ジョイントシンポジウム「英虞湾再生プロジェクト～地域連携型の研究開発事業は環境問題を解決できるか～」，2007，pp.20-24.
12) 松田 治：閉鎖性海域の環境保全をめぐる国際的な動き，アクアネット，7，60-64（2006）.
13) O. Matsuda : Overview of Ago Bay restoration project based on the new concept of "Sato Umi" : A case of environmental restoration of enclosed coastal seas in Japan, Proceedings of 1st International Workshop on Management and Function Restoration Technologies fro Estuaries and Coastal Seas（ed. by K. J. Jung），KORDI, 2006, pp.1-6.
14) H.Kokubu and H.Okumura: New technology for developing biologically productive shallow area in Ago Bay, Proceedings of 1st International Workshop on Management and Function Restoration Technologies fro Estuaries and Coastal Seas（ed. by K. J. Jung），KORDI, 2006, pp.49-55.

本书所依据的研讨会

2007 度日本水产学会水产环境保护委员会研讨会
"封闭性海域的水产环境保护——了解哪些情况、应该做些什么?"
企划负责人山本民次(广大院生物圈科)/古谷研(东大院农)

开幕词　　　　　　　　　　　　　　　　　　　　今井一郎(京大院农)

　　　　　　　　　　　　　　　　　　　会议主席　古谷研(东大院农)
1. 封闭性海域的水产环境保护：企划主旨说明　　　山本民次(广大院生物圈科)
2. 东京湾环境修复：自然再生的目标设定和土木工程方法　古川惠太(国总研)
　　　　　　　　　　　　　　　　会议主席　清野聪子(东大院综合文化)
3. 东京湾水环境的现状和自然再生的研究框架　　　滩冈和夫(东工大)
　　　　　　　　　　　　　　　　　　　　　　　　八木宏(东工大)
4. 大阪湾环境再生动向和环境修复技术的效果验证　上岛英机(广岛工大)
5. 有明海、八代海生态修复的总体规划：熊本县的措施　泷川清(熊本大)
　　　　　　　　　　　　　　　会议主席　濑户雅文(福井县大生物资源)
6. 浮游类—底栖类生态系统模型的构建及其应用　　中野拓治(农林水产省)
　　——以有明海泥质潮间带为例　　　　　　　　安冈澄人(农林水产省)
　　　　　　　　　　　　　　　　　　　　　　　烟恭子［IDEA(株)］
　　　　　　　　　　　　　　　　　　　　　　　芳川忍［IDEA(株)］
　　　　　　　　　　　　　　　　　　　　　　　中田喜三郎(东海大)
7. 广岛湾生态系统的保护与管理　　　　　　　　　桥本俊也(广大院生物圈科)
　　　　　　　　　　　　　　　　　　　　　　　青野丰(广大院生物圈科)
　　　　　　　　　　　　　　　　　　　　　　　山本民次(广大院生物圈科)
　　　　　　　　　　　　　　　　　　会议主席　日野明德(东大院农)
8. 滨名湖的现状和保护措施　　　　　　　　　　　今中园实(静冈县自然保护室)
9. 咸淡水水域生态系统中以双壳贝为中心的物质循环构造　中村由行(港湾机场技研)
10. 英虞湾修复项目的开展和未来展望——小规模半封闭性海域的模型
　　　　　　　　　　　　　　　　　　　　　　　松田治(三重地区合作)

综合讨论　　　　　　　　　　　　　　　　　　　山本民次(广大院生物圈科)

　　　　　　　　　　　　　　　　　　　　　　　古谷研(东大院农)

闭幕词　　　　　　　　　　　　　　　　　　　　山本民次(广大院生物圈科)